全国高等教育"十四五"部委级规划教材

激光加工技术与实践

主　编　张建国　赵旺初
副主编　李　策　江　彬　闫红霞　田　娇　马　磊

东华大学出版社
·上海·

前 言

激光加工是现代加工制造技术中重要的技术方法之一。近年来，激光技术和加工材料方面，得到迅猛发展，在国民经济诸多领域得到广泛应用。激光加工技术已成为高等工科院校"工程训练"课程中"特种加工技术"部分主要教学内容。

本书采用项目任务式的编写体例，在介绍激光加工相关原理的基础上，设立了激光切割、激光打标、激光内雕、激光焊接、激光熔覆以及其他激光加工技术等多个项目，在每个项目下分别给出不同的任务，并辅之以大量工程应用实例，使学生能够充分掌握激光加工技术的原理、应用领域及设备操作技术，有利于提高学生的实践能力，培养学生的创新创业能力，对高层次人才培养可起到重要的支撑作用。

本书的编写力求简明扼要，突出重点，注重技术原理，讲求实用，强调可操作性和便于自学。本教材适合于高等工科院校机械类、近机械类专业的"工程训练"课程教学，对于非机械类专业，可根据其专业特点、学时和后续课程需要，有针对性地选择其中部分的内容或开设相关选修课。

本书在编写过程中参考了相关的专著、论文和激光加工设备使用说明书等资料，在此向相关企业单位和人员表示感谢。本书由东华大学张建国、赵旺初、李策、江彬、闫红霞、田娇和中国国际工程咨询有限公司马磊等编写。张建国、赵旺初担任本书主编。由于技术的发展和编者水平所限，书中难免有不妥或错误之处，敬请读者批评指正。

编者
2025年6月

目 录

第一章 激光加工技术的内涵与发展　　1
- 1.1 激光加工技术的原理　　1
- 1.2 激光加工工艺种类、特点及应用领域　　2
- 1.3 激光加工技术的发展历程与趋势　　5

第二章 激光切割技术与实践　　6
- 2.1 激光切割技术原理与分类　　6
- 2.2 激光切割技术特点和切割设备介绍　　10
- 2.3 激光切割工艺　　19
- 2.4 激光切割质量评价及影响因素　　27
- 2.5 激光切割技术应用与操作实践　　30

第三章 激光打标技术与实践　　57
- 3.1 激光打标机理及特点　　57
- 3.2 激光打标机结构及分类　　60
- 3.3 激光打标机工艺　　68
- 3.4 激光打标技术应用与操作实践　　71

第四章 激光内雕技术与实践　　90
- 4.1 激光内雕原理　　90
- 4.2 激光内雕机结构及分类　　92
- 4.3 激光内雕加工工艺及设备操作　　95
- 4.4 激光内雕机的应用和操作实践　　102

第五章　激光焊接技术与实践　110

- 5.1　激光焊接原理与分类　110
- 5.2　激光焊接技术特点　113
- 5.3　激光焊接工艺　114
- 5.4　激光焊接过程监测与质量控制　120
- 5.5　激光焊接技术的应用与操作实训　120

第六章　激光熔覆技术与实践　136

- 6.1　激光熔覆技术原理与分类　136
- 6.2　激光熔覆技术工艺　138
- 6.3　激光熔覆设备结构与操作流程　141
- 6.4　激光熔覆技术应用与实践操作　149

第七章　脆性材料激光打孔技术与实践　153

- 7.1　脆性材料激光打孔技术与分类　153
- 7.2　脆性材料激光打孔技术工艺　156
- 7.3　脆性材料激光打孔设备与操作　158
- 7.4　脆性材料激光打孔技术应用与实训操作　165

第八章　其他激光加工技术　168

- 8.1　激光表面热处理　168
- 8.2　激光表面合金化　169
- 8.3　激光快速成型　169

参考文献　170

第一章 激光加工技术的内涵与发展

介绍激光加工技术的原理、激光加工工艺种类及特点、应用领域，以及国内外激光加工技术的现状与发展趋势，使学生对激光加工技术有全面的了解。

任务一：掌握激光加工的原理；

任务二：掌握激光加工工艺种类、特点及应用领域；

任务三：了解激光加工技术的现状与发展趋势。

1.1 激光加工技术的原理

激光是通过光与物质相互作用，使原子受激辐射发光和共振放大而形成的强光。激光除具有一般光源的共性之外，还具有良好方向性、高亮度和瞬时性、单色性好和相干性好等特性。由于激光发散角小和单色性好，通过光学系统把激光束聚集成一个极小的光斑（直径为几μm至几十μm），使光斑处获得极高的能量密度（可高达 $10^8 \sim 10^{10}$ W/cm²），同时产生上万摄氏度的高温，从而能在千分之几秒甚至更短的时间内使物质熔化、汽化或改变物质的性能。激光加工就是利用功率密度极高的激光束照射工件被加工表面，激光束一部分透入材料内部，光能被吸收，并转换为热能，使其照射区域材料瞬间熔化和蒸发，并在冲击波作用下，将熔融物质喷射出去，从而对工件进行穿孔、蚀刻、切割，或用较小能量密度，使加工区域材料熔融耦合，对工件进行焊接。

激光加工技术是利用激光束与物质相互作用的特性对材料进行切割、焊接、表面处理、打孔、增材加工及微加工等的加工技术。实现激光加工的设备主要由激光器、电源、光学系统和机械系统等组成（图1-1）。

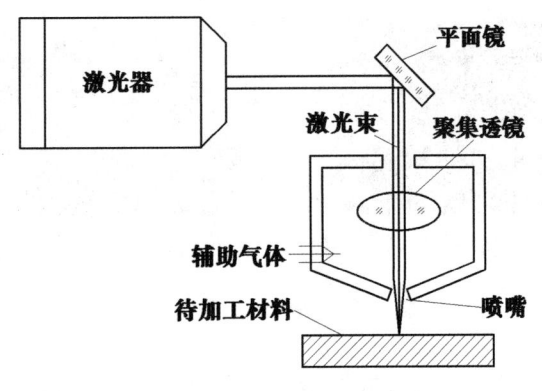

图1-1 激光加工原理

1.2 激光加工工艺种类、特点及应用领域

目前,激光加工技术在工业领域已经得到了广泛应用,其特点可以概括为以下三个方面。

1. 应用领域十分广泛:切割、打孔、打标、雕刻、焊接、熔覆、快速制造、表面处理、清洗、冲击强化、微细加工等制造技术均已成熟并得到广泛的应用。

2. 灵活、快速、柔性:一台激光加工设备通常具备多种应用功能。例如,一台连续 CO_2 激光器,随工艺参数选择和工艺装置配置的不同,具备焊接、切割、熔覆、表面热处理等多种功能。

3. 可加工的材料范围大:激光不但可以加工金属材料,还可以对非金属材料进行加工,例如,陶瓷、玻璃、复合材料、聚合物、木质材料等,特别是还可以加工高硬度、高脆性及高熔点的材料。

激光加工技术主要包括激光去除、激光表面工程、激光连接技术、激光增材制造等四大类型。

1. 激光去除:打孔、切割、雕刻、打标、清洗、划片以及微细加工等。由于激光光斑聚焦后可以达到微米甚至纳米量级,因此微细去除加工的尺寸精度已经可以达到 1 ~ 50 μm。

2. 激光表面工程:表面热处理(硬化、退火)、表面合金化、熔覆、激光化学气相沉积、激光物理气相沉积、激光毛化、冲击强化等。

3. 激光连接技术:热导焊、深熔焊、钎焊以及激光复合焊等。

4. 激光增材制造:树脂凝固成形法、选区烧结法、直接熔铸法、激光铣削法、分层切割法、激光成形法等。

激光加工的应用主要包括激光焊接、激光切割、激光打孔、激光表面处理、激光打标和雕刻。

激光焊接是利用激光束的热能使工件接头处加热到熔化状态,冷却后连接在一起。激光焊接在航空航天、机械制造及电子和微电子工业方面得到了广泛的应用。激光焊接过程如图 1-2 所示,应用实例如图 1-3 所示。

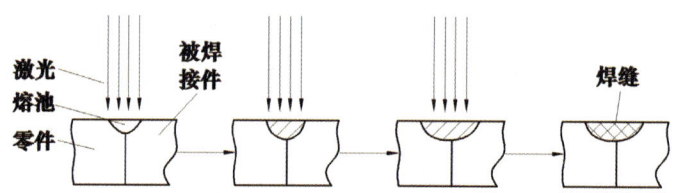

图 1-2 激光焊接过程

(a)激光焊接应用于汽车制造　(b)激光焊接应用于机械制造

图 1-3 激光焊接应用实例

激光切割所需的功率密度与激光焊接大致相同。激光可以切割金属材料,如铜板、铁板;也可以切割非金属材料,如半导体硅片、石英、陶瓷、塑料以及木材等材料;还能透过玻璃真空管切割其内

的钨丝，这是任何常规切削方法都不能做到的。图 1-4 为激光切割机工作原理示意图，激光切割实例如图 1-5 所示。

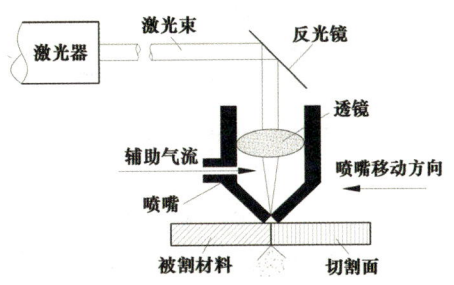

图 1-4　激光切割机工作原理示意图

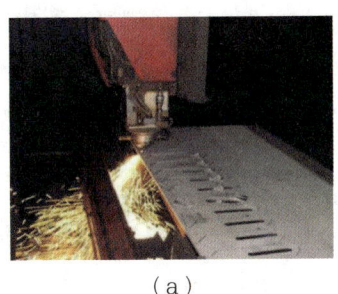（a）　　（b）

图 1-5　激光切割实例

激光打孔时的功率密度一般为 $10^7 \sim 10^8 \mathrm{W/cm^2}$，目前已应用于燃料喷嘴、飞机机翼、发动机燃烧室、涡轮叶片、化学纤维喷丝板、宝石轴承、印刷电路板、过滤器、金刚石拉丝模、硬质合金、不锈钢等金属和非金属材料小孔、窄缝的微细加工。另外，激光打孔也成功地用于集成电路陶瓷衬套和手术针的小孔加工。图 1-6 所示为激光打孔实例。

（a）　　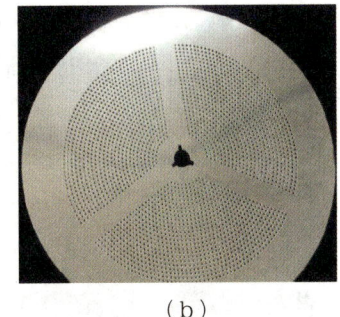（b）

图 1-6　激光打孔实例

激光表面处理工艺主要有激光表面淬火、激光表面合金化等。如图 1-7 为金属激光强化处理方法分类。

激光表面淬火的功率密度为 $10^3 \sim 10^5 \mathrm{W/cm^2}$。激光表面淬火是利用激光束扫描材料表面，使金属表层材料产生相变甚至熔化，随着激光束离开工件表面，工件表面的热量迅速向内部传递而形成极高的冷却速度，使表面硬化，从而提高零件表面的耐磨性、耐腐蚀性和疲劳强度。激光淬火可实现对球墨铸铁凸轮轴的凸轮、齿轮齿形、中碳钢，甚至低碳钢的表面淬火。激光表面淬火层深度一般为 0.7～1.1mm。

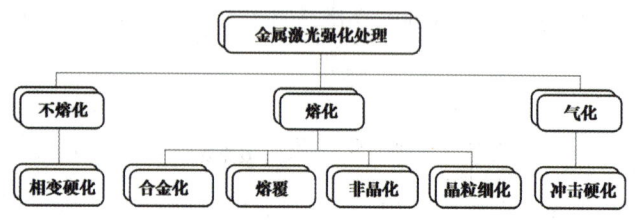

图 1-7　金属激光强化处理方法分类

激光表面合金化是利用激光束的扫描照射作用，将一种或多种合金元素与工件表面快速熔凝，从而改变工件表面层的化学成分，形成具有特殊性能的合金层。往熔化区加入合金元素的方法很多，包括工件表面电镀、真空蒸镀、预置粉末层、放置厚膜、离子注入、喷粉、送丝和施加反应气体等。

激光打标、雕刻的特点是非接触加工。激光打标的基本原理是利用高能量的激光束照射在工件表面上，光能瞬间转变成热能，使工件表面迅速产生蒸发，露出深层物质，或由光能导致表层物质的化学物理变化而刻出痕迹，或通过光能烧掉部分物质，从而在工件表面刻出任意所需要的文字和图形，可以作为永久防伪标志。激光雕刻与激光打标的原理大体相同。激光雕刻的工作原理如图 1-8 所示。

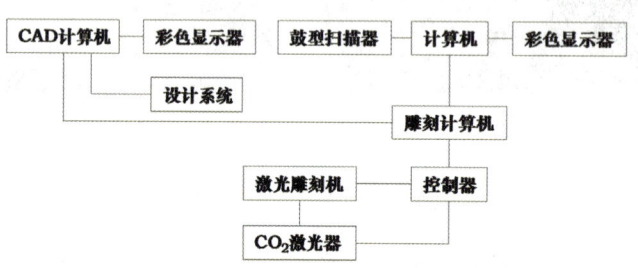

图 1-8　激光雕刻的工作原理结构框图

激光打标可在任何异形表面标刻，工件不会变形也不会产生应力，适用于金属、塑料、玻璃、陶瓷、木材、皮革等各种材料，能标记条形码、数字、字符、图案等；标记清晰、永久、美观，并能有效防伪。激光打标的标记线宽可小于 12 μm，线的深度可小于 10 μm，可以对毫米级的小型零件进行表面标记。激光打标能方便地利用计算机进行图形和轨迹自动控制，具有标刻速度快、运行成本低、无污染等特点，可显著提高被标刻产品的档次。激光打标的方法可分为点阵式激光打标法、掩模式激光打标法和振镜式激光打标法三种。激光打标产品实例如图 1-9 所示，激光雕刻产品实例如图 1-10 所示，激光内雕产品实例如图 1-11 所示。

图 1-9　激光打标实例

图 1-10　激光雕刻实例

图 1-11　激光内雕实例

1.3　激光加工技术的发展历程与趋势

1960年美国休斯顿实验室的 Theodore H. Maiman 发明了世界上第一台红宝石固态激光器；1961年德若凡发明了第一台气体激光器——氦氖激光器；1962年出现了半导体激光器；1965年贝尔实验室发明了 YAG（钇铝石榴石）激光器；1980年准分子 Kr 激光器问世。在这之后，多种实用化的固体、气体、半导体、染料和准分子激光器不断地出现和完善。

中国的激光加工技术开始于20世纪60年代。1961年，中国第一台红宝石激光器在中国科学院长春精密仪器机械研究所诞生。1963至1966年，中国相继研制出 He-Ne 激光器、掺钕玻璃激光器、GaAs 同质结半导体激光器、脉冲 Ar+ 激光器、CO_2 分子激光器、CH3I 化学激光器和 YAG 激光器。激光技术经过几十年的发展，取得了多项科技成果，诸多应用已用于生产实践，激光加工设备产量平均每年以20%的速度增长，为传统产业的技术升级、提高产品质量解决了很多问题。

激光加工是先进制造技术体系结构中特种加工技术的首选加工方式。随着对激光技术理论研究的不断深入，各种各样的新型激光器不断研制成功，已经在工业、农业、医学、军事等领域得到广泛应用。激光加工系统作为21世纪的先进加工生产系统，具有集成化、智能化、柔性化和小型化特征，是多学科相互交叉、多技术综合的结晶。

第二章　激光切割技术与实践

介绍金属及非金属激光切割的特点和方式、影响切割质量的因素、切割设备结构、工作原理和操作流程、实操案例等，使学生掌握激光切割设备的工作原理以及设备的操作流程，并能够独立使用激光切割设备加工自己设计的零件。

任务一：了解激光切割的特点和方式、影响激光切割质量的因素；

任务二：掌握金属及非金属激光切割设备结构和工作原理；

任务三：掌握金属及非金属激光切割软件产品设计操作、设备操作流程和防护措施；

任务四：（综合实例）根据要求设计相关零件产品，并独立完成金属或非金属激光切割加工操作。

激光切割是用聚焦镜将激光束聚焦在材料表面使材料熔化、气化或分解，同时用与激光束同轴的压缩气体吹走被熔化、气化或分解的材料，并使激光束与材料沿一定轨迹做相对运动，从而形成一定形状的切缝。激光切割技术广泛应用于金属和非金属材料的加工中，可大大减短加工时间，降低加工成本，提高工件质量。

2.1　激光切割技术原理与分类

激光切割技术利用高能量密度激光束对工件进行扫描，使得扫描区的材料熔化、气化或分解，与此同时借助辅助气体吹走残渣（图2-1）。激光切割方式包括气化切割、熔化切割、氧化切割和易裂变材料的切割（图2-2）。

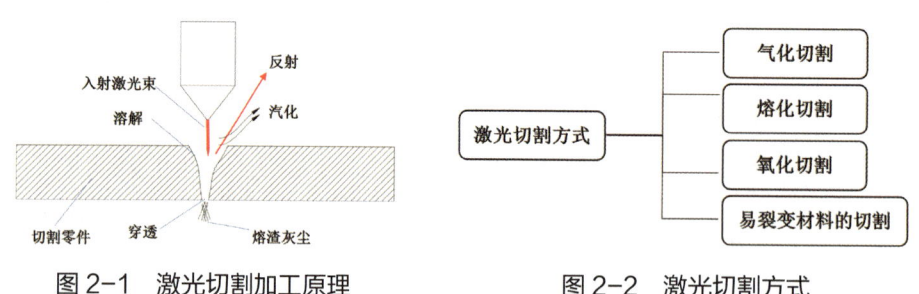

图2-1　激光切割加工原理　　　　图2-2　激光切割方式

气化切割利用激光能量高度聚焦，使得被加工材料迅速气化为蒸汽，此过程并没有发生热熔化，被气化的材料通过辅助气体吹走，常用于切割较薄的金属和非金属材料。熔化切割是利用高能量密度的激光束扫描工件，被扫描工件部位开始熔化蒸发，从而形成切割空隙，最终加工目标工件，其通常加工不易氧化的材料或不活泼金属。氧化切割是以氧气作为辅助气体，加工过程中发生氧化反应，其加工能量包括激光束能量和氧化反应产生的能量，常用于易氧化的金属材料加工。氧化切割的切割速度是激光熔化切割的6倍多。易裂变材料的切割是通过激光对工件加热使其产生裂纹，通过控制激光的能量进而控制裂纹的裂变方向，其通常用于脆性材料的加工。

2.1.1 激光切割方式

1. 气化切割

激光的能量高度聚焦、切割功率大，材料迅速升温不会融化而直接气化为蒸汽，不会发生热融化过程。材料部分直接气化，部分被喷嘴处喷出的辅助气体在加工零件时被吹走。大部分材料都是作为熔渣被辅助气体吹散，激光和工件的相对移动形成切割缝。

在激光气化切割过程中，材料在割缝处发生气化，此情况下需要非常高的激光功率。为了防止材料蒸汽冷凝到割缝壁上，材料的厚度不能超过激光光束的直径。该加工方式主要适合于应用在必须避免熔化材料排除的情况下。目前该加工方式只用于铁基合金的加工领域。

该加工方式不适用于木材和某些陶瓷等材料的加工，这些材料没有熔化状态，不易形成让材料蒸气再凝结的材料。另外，这些材料通常要达到更厚的切口。

在激光气化切割中，最优光束聚焦取决于材料厚度和光束质量。激光功率和汽化热对最优焦点位置有一定的影响。在板材厚度一定的情况下，最大切割速度反比于材料的气化温度，假设有足够的激光功率，最大切割速度受到气体射流速度的限制。所需的激光功率密度要大于$10^8 W/cm^2$，还和材料性能、切割深度和光束焦点位置有关。

2. 熔化切割

当激光的聚焦点能量超过一定功率，这时工件上激光激射的部位开始熔化蒸发，形成切割空隙，并且这个小洞一旦形成就会开始吸收它周围材料上的热量。随着激光相对于工件的运行，切割处的金属被熔化构成一条狭小的切割间隙。熔化了的金属会在加工过程中被喷嘴处喷出的气体带走。在激光熔化切割中，因为材料的转移只发生在其液态情况下，所以该过程被称作激光熔化切割。

激光光束配上高纯惰性切割气体促使熔化的材料离开割缝，而气体本身不参与切割。

激光熔化切割可以得到比气化切割更高的切割速度。气化所需的能量通常高于把材料熔化所需的能量。在激光熔化切割中，激光光束只被部分吸收。

最大切割速度随着激光功率的增加而增加，随着板材厚度的增加和材料熔化温度的增加而几乎反比例减小。在激光功率一定的情况下，限制因素就是割缝处的气压和材料的热传导率。激光熔化切割对于铁质材料和钛金属可以得到无氧化切口。产生熔化但不到气化的激光功率密度，对于钢材料来说，在$10^4 \sim 10^5 W/cm^2$之间。

3. 氧化切割

切割中通常都采用不易发生化学反应的惰性气体作为辅助气体，惰性气体主要起到吹渣的作用。如果用氧气作为辅助气体，那么在激光切割中，材料被激光激射熔化燃烧的同时会与氧气发生化学反应，从而产生除激光束以外的一种能量，通常把这种切割技术叫作氧化切割。

激光氧化切割，又称激光火焰切割，与激光熔化切割的不同之处在于使用氧气作为切割气体。借助于氧气和加热后的金属之间的相互作用，产生化学反应使材料进一步加热。激光火焰切割在加工精密模型和尖角时是不好的（有烧掉尖角的危险）。可以使用脉冲模式的激光来限制热影响。所用的激光功率和材料厚度决定切割速度。在激光功率一定的情况下，影响因素主要是氧气的供应和材料的热传导率。

氧化切割的具体加工过程如下：

（1）激光聚焦点的能量加热材料使其熔化燃烧，形成切割空隙，开始吸收它周围材料上的热量。融化了的金属会在加工过程中被喷嘴处喷出的气体带走。

（2）辅助气体的流速越快，吹走残渣和材料燃烧的过程也就越快，加工速度也就越快。由于此效应，对于相同厚度的结构钢，采用该方法可得到的切割速率比熔化切割要高。但氧化渣会被快速降温从而黏结在金属加工切缝处，造成切割质量变差，和熔化切割相比可能切口质量更差。实际上它会生成更宽的割缝、明显的粗糙度、增加的热影响区和更差的边缘质量。所以，氧气做辅助切割的方式要比惰性气体的切割速度更快，效率更高。

4. 易裂变材料的切割

对比较脆的材料加工时容易发生脆裂破坏，这种情况下，可以采用激光进行加工。这种加工方式利用激光束高度聚焦的特点，对材料进行小面积快速加热，使工件发生梯度热变形从而产生裂纹。只要控制好激光束的能量就可以控制裂纹的裂变方向，得到不同的切割形状。但是这种方式不适合加工比较小的角度形状和特别大的封闭零件。加工脆性材料的激光速度要快，功率不能太大，同时要控制好激光焦点的位置。

2.1.2 激光源分类及其技术特性

目前市场上的激光自动化切割设备的激光源主要有 CO_2 激光、光纤激光、YAG 激光。

1. CO_2 激光器

CO_2 激光器的激光工作物质为 CO_2 混合气体，其主要应用的激光波长为 10.6 μm。由于该种激光器的激光转换效率较高，同时激光器工作产生的热量可以通过对流或扩散迅速传递到激光增益区之外，其激光输出平均功率可以做到很高的水平（万瓦以上），满足大功率激光加工的要求。

CO_2 激光器以功率来划分可分为：小功率、中功率、大功率 CO_2 激光器等几种。

（1）低功率（<200W）CO_2 激光主要应用于电子工业（如电阻制造、IC 标志）、非金属加工业（竹木雕、服饰、制鞋、饰品制造等）和部分医疗和研究单位。

（2）中高功率（200W~1600W）CO_2 激光主要应用于模具业，各种机器零部件切割，汽车钣金切割，计算机、电气机壳的钣金切割，特殊材料切割如塑胶、玻璃、模具等非金属的切割。

（3）高功率（>1600W）CO_2 激光主要被应用在金属切割、焊接和表面处理上，也在工业先进国家的国防、汽车和航天工业等特殊领域里被采用。

传统的高功率轴快流 CO_2 激光器仍是高功率激光切割加工装备中的主流配置，虽然光纤激光近年来发展势头迅猛，CO_2 激光器仍占很高的份额。

国内外用于激光加工的大功率CO_2激光器，主要是横流、轴流激光器。横流激光器的光束质量不太好，为多模输出，主要用于热处理和焊接。我国目前已能生产各种大功率横流CO_2激光器系列，可满足国内激光热处理和焊接的需求。轴流激光器的光束质量较好，为基模或准基模输出，主要用于激光切割和焊接，旋流CO_2激光器是以新型的旋转气体流动方式，使旋流CO_2激光器同时具有了轴流CO_2激光器光束质量好和横流CO_2激光器造价低、体积小的优点。该种工业加工激光器的推广应用，将对中国激光加工产业的发展和普及起到积极的促进作用。

20世纪60年代末，中国已开始了高功率CO_2激光器及其应用的研究。经过四五十多年的发展，已形成了500~10kW系列产品的生产能力，大约有10多家公司和单位能够生产500W以上的CO_2激光器，其中包括楚天、华工、大族、南京东方、南京通快及上海普瑞玛。国际品牌包括Rofin（罗芬）、Trumpf（通快）、PRC，Coherent（相干）、Access（美国大通）、Prima（普瑞玛）、瑞士百超、日本三菱、日本马扎克和日本Amada。

2. 光纤激光器

光纤激光切割技术的优越性主要体现在：光纤激光器是波导式结构，具有高增益、转换效率高、阈值低、输出光束质量好、线宽窄、结构简单、可靠性高等特性，易于实现和光纤的耦合，输出峰值功率可高达数百千瓦，波长1.06μm附近，对大部分材料吸收效率较高，体积小，重量轻，便于移动，聚焦光斑直径较小（10~100mm），能够实现非常精确的切割，从而能够免去一些后期处理步骤。通过光纤输出，易于与机械手配合，实现激光远距离加工，总体光电转换效率高达25%~30%，可以长时间稳定工作，维护方便，运行成本低。

虽然光纤激光切割擅长切割大部分材料，但是其不能用于切割丙烯酸类或聚碳酸酯类材料，而且仅能切割有限应用领域中的木质或纤维材料。生产光纤激光器的公司有SPI、IPG、国内的有锐科激光（华工激光旗下）。

3.YAG激光器

YAG激光器输出的波长为1.06μm，恰好比CO_2激光波长10.6μm小一个数量级，传统的固体激光器通常采用高功率气体放电灯泵浦，其泵浦效率为1%~3%。泵浦灯发射出的大量能量转化为热能，不仅造成固体激光器需采用笨重的冷却系统，而且大量热能会造成工作物质不可消除的热透镜效应，使光束质量变差。加之泵浦灯的寿命约为300h，操作人员需花很多时间频繁地换灯，中断系统工作，使自动化生产线的效率大大降低，但如果采用二极管泵浦的固体激光器，则可以很好地避免这一点。

YAG固体激光切割机具有价格低、稳定性好的特点，但能量效率低，一般小于3%，目前产品的输出功率大多在600W以下，由于输出能量小，故主要用于打孔和点焊及薄板的切割。它的绿色激光束可在脉冲或连续波的情况下应用，具有波长短、聚光性好的特点适于精密加工特别是在脉冲下进行孔加工最为有效，也可用于切削、焊接和光刻等。YAG固体激光切割机激光器的波长不易被非金属吸收，故不能切割非金属材料，且YAG固体激光切割机需要解决的是提高电源的稳定性和寿命，即要研制大容量、长寿命的光泵激励光源，如采用半导体光泵，可使能量效率大幅度地增长。

4. CO_2 激光切割机与光纤激光切割机的比较

（1）传统的主流激光切割、焊接设备都采用 CO_2 激光器，可以稳定切割 20mm 以内的碳钢、10mm 以内的不锈钢、8mm 以下的铝合金。光纤激光器在切割 4mm 以内的薄板时优势明显，受固体激光波长的影响，它在切割厚板时质量较差。

激光切割机也不是万能的，CO_2 激光器的波长为 10.6 μm，固体激光器如 YAG 或光纤激光器的波长为 1.06 μm。前者比较容易被非金属吸收，可以高质量地切割木材、亚克力、PP、有机玻璃等非金属材料；后者却不易被非金属吸收，故不能切割非金属材料。但两种激光在碰到铜、银、纯铝等高反射材质时都欠佳。

（2）正是由于 CO_2 激光和光纤激光两者的波长相差一个数量级，前者不能用光纤传输，而后者可以，因此大大增加了加工的柔性化程度。早期在光纤激光器推出市场之前，为了实现三维加工，采用光关节技术通过高度精密配合的动态的组合反射镜系统将 CO_2 激光导到三维曲面表面，实现 CO_2 激光的三维加工，这种技术因为国内精密加工技术的限制主要掌握在极少数欧美发达国家手里，价格昂贵，维护要求高，在光纤激光的市场份额逐渐扩大的同时已经逐渐失去其市场。而光纤激光由于它可以通过光纤传输，柔性化程度空前提高，特别是针对汽车行业，由于基本上都是 1mm 左右的薄板曲面加工，光纤激光配合同样柔性化的机器人系统，凭借成本低、故障点少、维护方便、速度快等优势，当仁不让地稳稳占领了这块市场。

（3）光纤激光的光电转化率高达 25% 以上，而 CO_2 激光的光电转化率只有 10% 左右，在电费消耗、配套冷却系统等方面光纤激光的优势相当明显，要是光纤激光的生产厂家更多一些，价格再合适一点，并解决了厚板切割工艺，那么 CO_2 激光受到的威胁将会是巨大的。不过，光纤激光作为一种新兴的激光技术，普及程度远远不如 CO_2 激光，其稳定可靠性、售后服务的便利性还有待市场的长期观察。

2.2 激光切割技术特点和切割设备介绍

2.2.1 激光切割技术的特点

激光最大的特点就是聚焦，焦点处的能量密度很大，焦点位置随着激光头的均匀移动形成连续孔洞构成切割缝隙。这个能量会远远大于加工零件反射分散的部分，工件被焦点击中的地方温度会快速升高，从而达到激化，使材料燃烧蒸发构成空心处。随着激光束在加工材料上的运行，加工空心洞会连续产生，由于激光束很细，所以形成了一条特别细小的切割缝。切割过程中工件变形小。为了得到更好的切割质量，常常需要采用与加工材料相匹配的气体来辅助进行切割。在加工钢质零件时采用氧气，加工塑料材料时采用压缩空气，棉类容易燃烧的材料用氩气等惰性气体。辅助气体在起到优化切割作用的同时，可以进入喷嘴保护聚焦镜，防止切割气体进入透镜而使透镜变脏。

激光切割具有以下优点：切割功率密度高，缝隙小，可以细小达到 0.1mm；加工快，能量作用时间短、作用面积小，加工变形小；切割时无需装夹，只需定位，也不需要划线等复杂工序；无接触加工，不需要刀具；加工范围广，加工经过热处理的材料，不会改变加工工件的力学性能；切割灵活；切割点可以设置在任何位置，切割方向也可以是任意方向。

1. 激光切割的优点

（1）切割质量好。切口宽度窄（一般为 0.1～0.5mm）、精度高（一般孔中心距误差 0.1～0.4mm，轮廓尺寸误差 0.1～0.5mm）、切口表面粗糙度好（一般 Ra 为 12.5～25μm），切缝一般不需要再加工即可焊接。

（2）切割速度快。例如采用 2KW 激光功率，8mm 厚的碳钢切割速度为 1.6m/min；2mm 厚的不锈钢切割速度为 3.5m/min，热影响区小，变形极小。

（3）清洁、安全、无污染。大大改善了操作人员的工作环境。当然就精度和切口表面粗糙度而言，CO_2 激光切割不可能超过电火花线切割加工；就切割厚度而言难以达到火焰和等离子切割的水平。但是 CO_2 激光切割已经取代一部分传统的切割工艺方法，特别是各种非金属材料的切割。它是发展迅速，应用日益广泛的一种先进加工方法。

（4）非接触式切割。激光切割时与工件无接触，不存在工具的磨损。加工不同形状的零件，不需要更换"刀具"，只需改变激光器的输出参数。激光切割过程噪声低，振动小，无污染。

（5）切割材料的种类多。与氧乙炔切割和等离子切割比较，激光切割材料的种类多，包括金属、非金属、金属基和非金属基复合材料、皮革、木材及纤维等。但是对于不同的材料，由于自身的热物理性能及对激光的吸收率不同，表现出不同的激光切割适应性。

2. 激光切割的缺点

激光切割由于受激光器功率和设备体积的限制，激光切割只能切割中、小厚度的板材和管材，而且随着工件厚度的增加，切割速度明显下降。激光切割设备费用高，一次性投资大。

激光自动化切割设备的分类主要是以光源种类、光源功率、切割维度（平面或三维）来区分，其中细分技术指标为切割速度、切割精度、运动机构的驱动方式、手动或自动对焦功能及工作台尺寸等。

2.2.2 非金属激光切割机

本书主要以德美鹰华 X1309 非金属激光切割机为例，介绍非金属激光切割机设备结构（图 2-3）。在后续的非金属激光切割实践项目中，也采用本型号设备。

图 2-3 X1309 非金属激光切割机

设备的技术参数如表 2-1。

表 2-1　X1309 非金属激光切割机技术参数

加工范围	1300mm×900mm，超长平板材料可由设备后部穿出
最大工件高度	210mm，加工台面可电动升降，支持旋转轴加工
加工台面	刀条加工台面，可选配铝蜂窝台面
激光类型	CO_2 玻璃管激光器
激光功率	150W
激光配置	单激光头
聚焦镜片	2.5寸，可选配4寸或2寸
软件	EagleWorks CAD/CAM 和 EaglePrint 打印驱动，兼容32位或64位 Windows7/8/10
数据接口	USB/U 盘 / 网口
加工模式	切割 / 雕刻 / 混排
控制界面	真彩色 LCD 大屏人机界面
存储容量	最大 128M
加工分辨率	4064DPI
运动系统	采用进口高精度均衡导轨，步进电机或进口伺服电机驱动，配合同步带传动
设备附件	气泵、工业冷水机和排风机
电气要求	单相220V/50Hz

非金属激光切割设备主要由激光整机、冷却系统、空压控制系统、计算机软件控制系统和除尘系统组成。

1. 激光切割设备激光器

激光整机尽管结构形式各异，但一般都是由工作气体、放电管、谐振腔和电源组成，激光器属于 CO_2 激光器，其结构如图 2-4 所示。

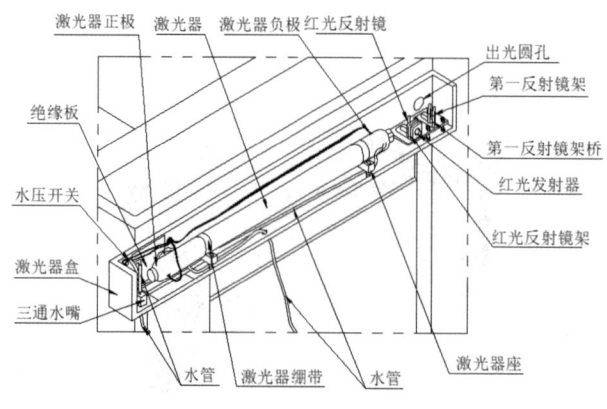

图 2-4　激光整机结构

影响激光器输出功率的重要因素如下：

（1）放电管的长度和内径

放电管的长度与激光输出功率的关系成正比，放电管越长输出功率就越高；而放电管的内径对激光输出功率的影响不大。

（2）气体成分和气压

CO_2 激光器中含有适量 N_2、CO、He、Xe、Ne、H_2、H_2O 等气体时，能显著提高输出功率，而含有 Ar、N_2O 时，能大大降低激光器的输出功率。

增加总气压可增加产生激光的分子数目，所以总气压升高应该增加输出功率，总气压存在最佳值。最佳气压与放电管内径有关，粗管的最佳总气压比细管的低。

（3）放电电流

放电电流也有最佳值，电流升高，放电管内的电子数目增多，可以激发更多的反转粒子数，但电子过多又会因碰撞消激发而使反转粒子数减少。最佳放电电流与放电管的直径，管内的总气压以及气体混合比有关。

（4）温度

温度升高引起输出功率下降的三点原因：

a) 温度升高后，激光上能级的消激发速率增加，而激光下能级由于热激发则会使粒子数增多，两者都导致粒子反转数降低。

b) 气体温度升高后，谱线宽随之增宽，增益系数下降。

c) 气体温度升高还会造成 CO_2 分子分解，导致放电管内 CO_2 分子浓度降低。

（5）谐振腔

振荡模的体积要尽量大，最理想的情况是振荡模的体积与等离子体的体积相等。对应最大输出，存在最佳透过率。

2. 激光切割机的光路传输系统

激光切割机的光路是在空气中传播的，激光从激光管出来，经过第一反射镜、第二反射镜、第三反射镜进入聚焦镜筒中，最后将焦点照射到材料表面或内部，实现对材料进行切割（图2-5）。

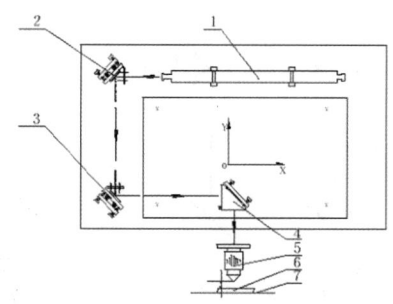

1.激光管　2.第一反射镜　3.第二反射镜　4.第三反射镜　5.聚焦镜筒　6.加工工件　7.工件承载平台

图 2-5　激光切割机的光路传输系统

3. 调节焦距方法

焦点位置与聚焦镜筒中的聚焦镜片有关（图 2-6），本设备现配备的镜片，是焦距为材料表面到镜头距离为 8mm。调节焦距时，将 8mm 的调焦块放置在激光头和材料之间，锁紧聚焦镜筒的螺钉松掉，将其贴到调焦块的上表面即可，然后再将锁紧螺钉锁紧（图 2-7）。

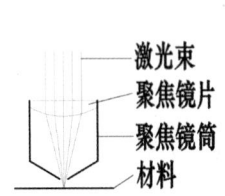

图 2-6 聚焦镜筒聚焦原理

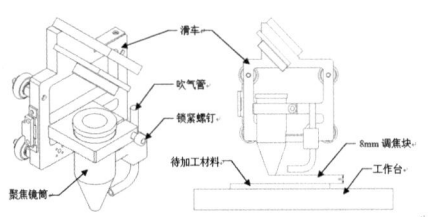

图 2-7 聚焦调节

4. 激光光路调节原理

光路的调整主要通过对反射镜片偏角的调整来实现，如图 2-8，第 1、2、3 反射镜架后面都有三个螺钉。螺钉的伸缩就决定了镜片的角度（图 2-9）。

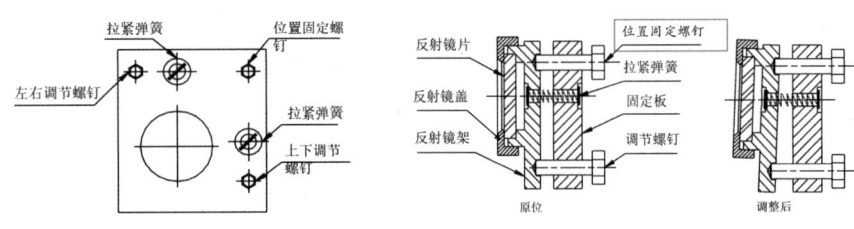

图 2-8 反射镜架示意图　　2-9 反射镜架调节螺钉示意图

5. 激光光路准直标准

非金属激光切割机的光路是通过 3 个反射镜将激光在空气中导向材料指定的位置，在安装激光器或使用一定时间后，需要对激光光路校准，否则激光不能从聚焦镜筒中出来或出来的激光不是垂直照到材料上。具体表现到材料切割的情况是要么切割不到材料，要么切割出的材料断面倾斜。具体调节步骤如图 2-10 所示。

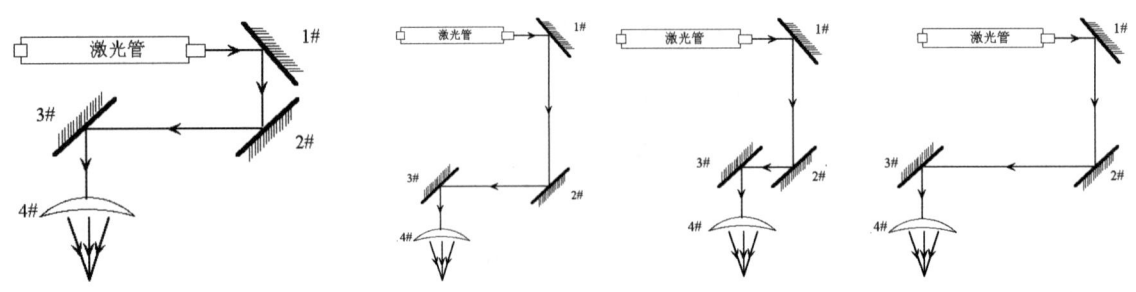

a）1# 反射镜中心和第 2 反射镜近光点　b）2# 反射镜远光点　c）3# 反射镜近光点　d）3# 反射镜远光点

图 2-10 反射镜调节顺序

（1）先保证从激光管发出的光束入射在第1反射镜的中心区域。

（2）在第2反射镜前贴上小块有机板（或其他能打出标记的物体），将X轴横梁移至最靠近激光管的位置，按点射（控制适当的光强），打上一个标记。

（3）逐渐将X轴横梁移至离激光管最远的位置，按点射，打上一个标记。

（4）如果两个标记不重合，调整第1反射镜，使这两个标记中心重合。

（5）反复第二步至第四步，直至两个标记中心完全重合。

（6）将X轴横梁停靠在Y轴中心位置，在第3反射镜前贴上小块有机板（或其他能打出标记的物体），将激光头（小车）移至最靠近第2反射镜的位置，按点射（控制适当的光强），打上一个标记。

（7）逐渐将激光头（小车）移至离第2反射镜最远的位置，按点射，打上一个标记。

（8）如果两个标记不重合，调整第2反射镜，使这两个标记中心重合。

（9）反复第六步至第八步，直至两个标记中心完全重合。

经过以上步骤的光路调整，可以保证不论激光头处在什么位置，激光总是落在同一点，接下去还要调整光路，使其从第3反射镜前面的入光孔中心射入第3反射镜。

（10）在第3反射镜前面的入光孔上贴上小块有机板，点射，打上标记。如果处在中心，则合格，至第十二步。

（11）若激光没有落在入光孔的中心，如图2-11所示，则需调整激光管，然后再从第一步开始全部重新调整。

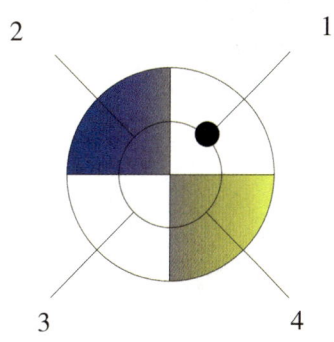

图2-11 激光束在第3镜片前位置

在图2-11中，激光束在第3镜片前的落点偏上和偏外，修正方法：

上下偏差：只能通过抬高或降低激光管进行修正。在图2-11中，必须降低激光管，然后，从第一步开始全部重新调整。

左右偏差：即偏里或偏外，有几种方法可以调整：调整激光管，在图2-11中，可以将激光管往X轴横梁的方向远离一点，然后从第一步开始全部重新调整。

左右偏差具体采用哪种方法调整，必须遵循以下原则：

a）当光斑落在1和2区域，激光管需要降低；

b）当光斑落在3和4区域，激光管需要升高；

c）当光斑落在1和4区域，激光管需要往X轴横梁的方向远离；

d）当光斑落在2和3区域，激光管需要往X轴横梁的方向靠近。

（12）校验结果，标准为：

a）全部激光束都落在所有反射镜的中心范围内。

b）激光头分别移至四个顶角，激光束都落在同一点且在入光孔的中心范围内。

（13）因调光路引起镜片的严重污染，必须彻底清洁镜片。

（14）确定焦距。因加工的原因，每一片聚焦镜的最佳焦距都要经过实践才能确定。先将镜片凸面向上安装，不断地调整焦距，使雕刻线最细、最深，使得打在物体上表面的缝宽最小时，记下焦距值。

（15）一定要定期清洁镜片，在操作过程中及时注意激光管冷却水水温，及时换水。

2.2.3　金属激光切割机

以德美鹰华X6060光纤激光切割机（图2-12）为例，介绍金属激光切割机设备结构，在后续金属激光切割项目中也使用该设备进行操作实践。

图2-12　X6060光纤激光切割机

设备技术参数如表2-2。

表2-2　X6060光纤激光切割机技术参数

加工范围	600mm×600mm
最大工件高度	900mm，不规则工件可直接落地，不支持旋转轴加工
加工台面	刀条加工台面
激光类型	光纤激光器
激光功率	1500W
软件	CypCutCAD/CAM，兼容32位或64位Windows7/8/10
数据接口	U盘
加工模式	切割
运动系统	采用进口高精度直线导轨，进口伺服电机驱动，配合进口高精度滚珠丝杆传动
设备附件	气瓶调压阀、工业冷水机和排风机
电气要求	单相220V/50Hz

1. 激光金属切割机的切割原理

X6060 光纤激光切割机是应用光纤激光器产生波长为 1064nm 的激光经过扩束、反射、聚焦后辐射到加工件表面，表面热量通过热传导向内部扩散，通过数字化精确控制激光脉冲的能量、峰值功率和重复频率等参数，使工件气化、熔化，形成切缝，从而实现对被加工件的激光切割（图 2-13）。

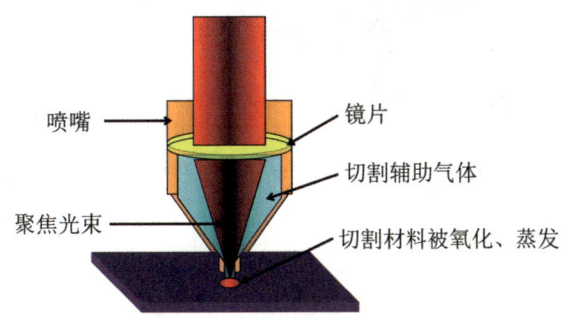

图 2-13　激光金属切割机的切割原理

X6060 光纤激光切割机具有如下特点：

（1）输出高能量密度的激光束。

（2）光束通过聚焦镜的聚焦，输出能量高度集中的光束。

（3）聚焦后的光束从喷嘴中心通过，喷嘴内喷出辅助切割气，其轴心与光路相同。

（4）当激光束遇到切割气体后，被迅速加热，对切割材料进行氧化与蒸发，达到切断目的。

2. 设备结构

主要由光纤激光系统、机床运动系统、控制系统、冷却系统和除尘系统组成。

（1）光纤激光系统

光纤激光系统是激光器产生激光后并通过光纤传输到激光头的整个光路（图 2-14）。

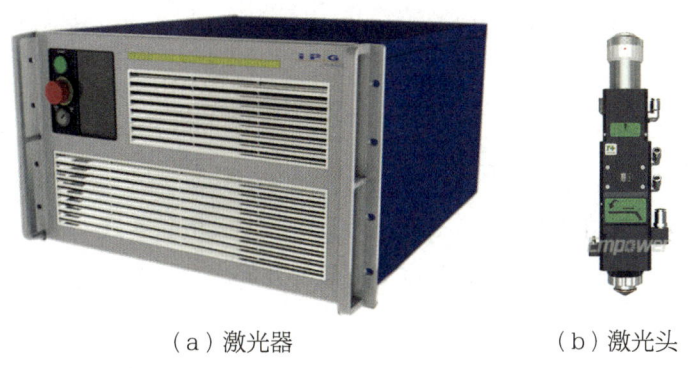

（a）激光器　　　　（b）激光头

图 2-14　光纤激光系统

（2）机床运动系统

机床运动系统是由 X、Y、Z 轴三个方向的精密滚珠丝杠、传动导轨以及伺服电机组成的系统（图 2-15）。

（3）控制系统

控制系统由工控机、控制柜、控制界面和无线控制手柄组成（图2-16）。

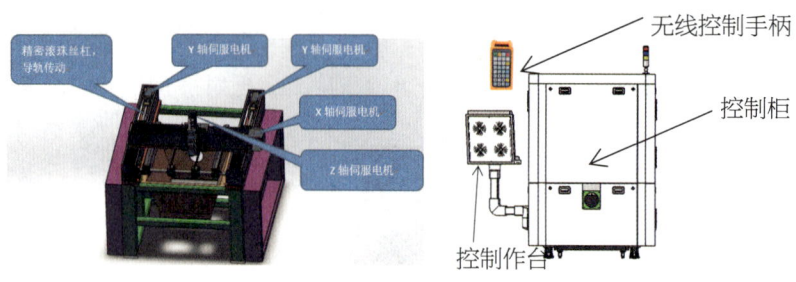

图2-15　机床运动系统　　　图2-16　控制系统

（4）冷却系统

冷却系统是将冷水从冷水机中分别送入激光器和激光头中并循环流通的水路系统，保证激光器和激光头处于正常工作状态的温度范围（图2-17、图2-18）。

（5）除尘系统

除尘系统是将切割材料过程中将气化或烧掉的材料粉尘通过排风机吸到工作环境外，保证操作人员的安全健康（图2-19）。

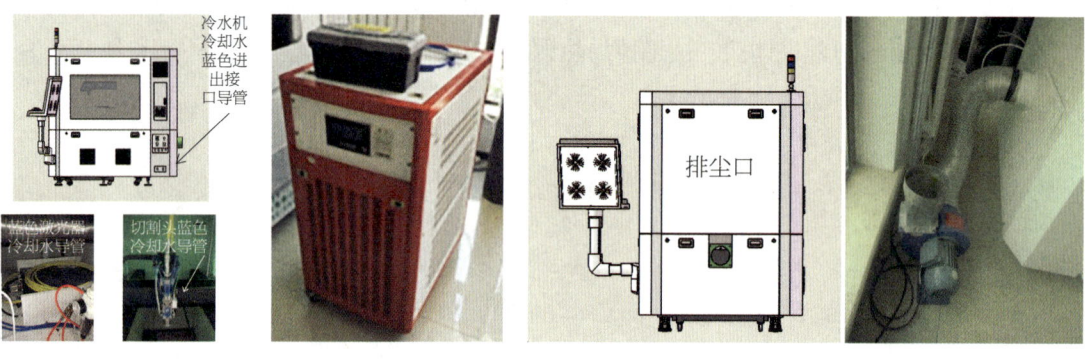

图2-17　水路冷却系统　　　图2-18　冷水机　　　图2-19　除尘（排风机）

3. 机器主要特性

（1）切割质量好、切缝窄、工件变形小：切口宽度窄（一般为0.1～0.5mm）、精度高（一般孔中心距误差0.1～0.4mm，轮廓尺寸误差0.1～0.5mm）、切口表面粗糙度好（一般Ra为12.5～25μm），切缝一般不需要再加工即可焊接。由于激光光斑小、能量密度高、切割速度快，因此能够获得较好的切割质量。

（2）切割效率高：由于激光的传输特性，激光切割机上一般配有多台数控工作台，整个切割过程可以全部实现数控。操作时，只需改变数控程序，就可适用不同形状零件的切割，既可进行二维切割，又可实现三维切割。

（3）切割速度快：如采用1KW激光功率，5mm厚的碳钢切割速度为1.6m/min；2mm厚的不锈钢切割速度为3.5m/min，热影响区小，材料在激光切割时不需要装夹固定，既可节省工装夹具，又节省了上、下料的辅助时间。

（4）非接触式切割：激光切割时割炬与工件无接触，不存在工具的磨损。加工不同形状的零件，不需要更换"刀具"，只需改变激光器的输出参数。激光切割过程噪声低，振动小，无污染。

（5）切割材料的种类多：激光切割材料的种类多，包括金属、非金属、金属基和非金属基复合材料、皮革、木材及纤维等。但是对于不同的材料，由于自身的热物理性能及对激光的吸收率不同，表现出不同的激光切割适应性。

（6）清洁、安全、节能、无污染。

4. 样品展示（图2-20）

图2-20　金属激光切割样品

2.3　激光切割工艺

激光切割在实际应用中，零件的加工质量与效率受到激光参数、材料性质、辅助气体参数以及轴运动参数等众多工艺参数共同影响。不同材料需要调节的参数也不同，且根据配置的激光器功率的大小配合调节。

加工过程发生的区域是切割之前作用在切割之前的激光必须加热工件到把材料熔化和气化所需的温度。切割平面由一个几乎垂直的平面组成，该平面被吸收的激光辐射加热并熔化。

激光切割过程中的许多重要活动发生在该区域，对这些活动的分析可以得到激光切割的重要信息。这样，就可以计算切割速度并解释牵引线特性的形成。

2.3.1　激光参数对激光切割的影响

激光参数主要有激光切割模式、激光功率与光心调整。

1. 切割模式

CO_2气体激光切割分为连续切割和脉冲切割两种模式。连续切割法是使振荡输出连续地发生而进行切割的方法。连续切割的优势在于切割速度高，但由于对被切割材料连续的热量输入，影响零件的切割断面质量和尺寸精度，切割质量不佳。脉冲切割法是使振荡输出间断地发生从而进行切割的方法。通过将投入材料的热量降到最低限，能够得到良好的切割断面和尺寸精度。脉冲切割的优势在于质量好，由于对被切割材料断续输入热量，热量输入总量小，所以零件的切割断面光滑，尺寸精度高，但切割速度慢，在实际生产中应用较少。

对于切割模式的选择，应在对零件质量要求不高时，选用连续切割模式；在对零件质量要求高时选用脉冲切割模式激光。连续切割主要工艺参数包括激光功率、辅助气体种类及压力、切割速度、焦点位置、板材厚度。脉冲切割主要工艺参数包括脉冲频率、占空比、辅助气体种类及压力、切割速度、焦点位置、板材厚度等。对于同一个配件，激光切割器提供了多层参数的调用功能，切割时对层参数的分别调用实现了连续切割与脉冲切割的联合使用，有效地保证了切割配件质量的工艺要求与切割效率。

激光脉冲模式具体可分为连续模式（CW）、门脉冲（GP）、超脉冲（SP）和超强脉冲（HP），表示符号如图2-21所示。连续模式一般应用于低压切割、普通切割和高压切割，如用O_2切割结构钢、用N_2切割铝板和不锈钢等，由于功率恒定切割，可得到相对精密的断面。门脉冲一般用于穿孔或切割细小轮廓，如材料为结构钢轮廓上的小孔（小孔直径为材料厚度的一半）和细轮廓。超脉冲常用来穿孔和切割高反射率的材料，比如铜、铝合金等高反射材料，并配合辅助气体N_2。超强脉冲常用来穿孔，在厚板的快速穿孔时会有少量碎屑，切割锌钢时需要O_2辅助。

脉冲模式切割更加适合切割1到6mm厚的板材，其切割速率大约比连续模式低60%，所以当材料厚度超过6mm，脉冲模式更难加工，建议不要用脉冲模式切割内部工件。

2. 切割功率与切割速度、材料厚度的关系

功率密度是激光加工中最关键的参数之一。采用较高的功率密度，在微秒时间范围内，表层即可加热至沸点，产生大量汽化。高功率密度对于材料去除加工，如打孔、切割、雕刻有利。切割速度根据材料和需求效果去调节加工速度。

在切割结构钢、不锈钢时，钣金厚度变化，功率分别选择500W、1000W、2500W，实际统计数据并整理结果如图2-22所示。激光功率越大，所切割厚度增大，切割速度越快。当工件断面要求不高时，为了得到较高的切割效率，应选择提高激光功率并调整适当的气体压力来提高切割效率。

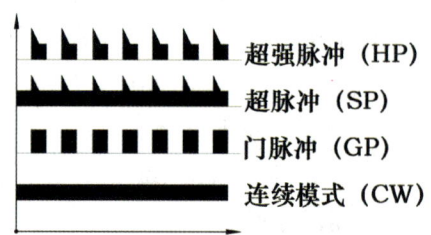

图2-21　激光脉冲模式

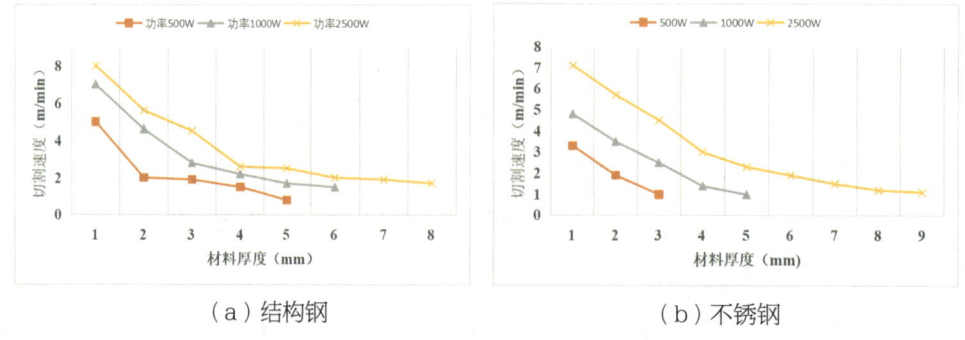

（a）结构钢　　　　　　　　　　　　（b）不锈钢

图2-22　不同激光对不同厚度钢的切割速度

3. 光心调整

调整光心是指通过调整喷嘴与透镜聚焦点的同轴度，来调整激光光束能量在单位面积上的集中度。假设激光在切割面的激光束分布直径为 r_0，在 r_0 范围内的激光束的能量分布服从高斯定律，光束在高斯面聚集产生微小光斑的直径，称为光心。光心越小，能量越大，当光心较大时，能量将严重削减，不能满足加工需求。因此调整光心是得到好的切割质量的重要因素。

2.3.2 材料特性对激光切割的影响

对激光切割影响的材料特性主要表现在材料的物化性能和材料的厚度。

1. 材料的物化性能

材料的物化性能主要表现在工件上进行切割的切口结果，切口可能整洁或者相反，边缘粗糙或过烧。

（1）影响切割质量的重要因素有合金成分、材料的微观结构、表面质量和表面粗糙度、表面处理、光束反射和热传导率等。

a）合金成分

合金成分在一定程度上影响着材料的强度、比重、可焊接性、抗氧化能力和耐蚀性。铁合金材料中的一些重要元素有碳、铬、镍、镁和锌。其中碳含量越高，材料越难切（临界值认为是含碳0.8%）。

b）材料的基本微观结构

一般来说，组成材料的颗粒越细，切割边缘的质量越好。

c）表面质量和粗糙度

表面有生锈区域或氧化层，切割的轮廓将不规则并出现许多破损点。表面比较粗糙或要切割波纹板，就选择最大厚度切割参数。

d）表面处理

最常用的表面处理有镀锌、聚焦镀锌、涂漆、阳极电镀或覆盖分层塑料胶片。

用锌处理过的板材易于在边缘出现挂渣。对于涂漆的板材，切割质量依赖于漆成分的组成。对涂漆材料切割时可分两次进行加工，首先使用功率小（雕刻）参数涂漆表面预烧打标，再使用该材料切割参数进行加工。有分层材料涂层的板材非常适合激光切割。为了使电容式探测无故障工作，让分层涂层得到最优粘合（避免产生浮泡），分层边必须总是在切割工件的上部。

e）光束反射

光束在工件表面的反射取决于基本材料、表面粗糙度和表面处理。铝合金、铜、黄铜和不锈钢板材具有高反射率的特点。切割这些材料时，要特别注意焦点位置的调节。

f）热传导率

切割时，低热传导率的材料和高热传导率的材料相比，需要更小的功率。比如铬镍合金钢所需的功率要小于结构钢，对加工产生的热的吸收也更少。另一方面，铜、铝和黄铜等材料通过吸收激光产生的热会散失一大部分。因为热从光束目标点处传导开了，所以热影响区的材料更难熔化了。

g）热影响区

激光火焰切割和激光熔化切割会导致切割材料边缘区域发生材料变异。关于热影响区域的范围与基本材料和材料厚度之间的关系如图2-23所示。

当加工低碳钢或无氧钢时，热影响区的淬火减少了。对于高碳钢，会出现边缘区域变硬的现象。对于轧制铝合金，热影响区甚至会比其余部分稍微软一些。

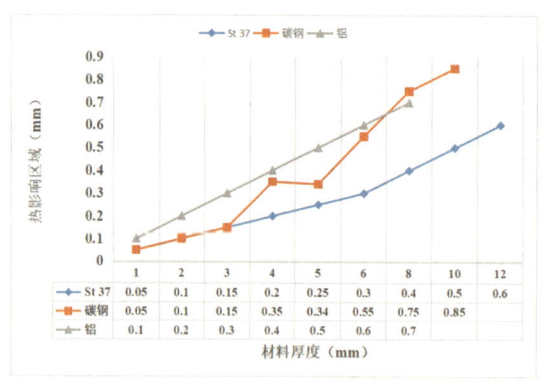

图2-23 不同材料的厚度与热影响区域的关系

（2）不同材料的可加工性

a）结构钢

结构钢用氧气切割时会得到较好的结果。使用连续模式激光，当加工非常小的曲线控制系统改变进给速率时，它通过调节使激光功率和轴进给速率相适应。复杂轮廓和小孔（直径小于材料厚度）应该用脉冲模式切割，这样可以避免切掉尖角。

当用氧气作为加工气体时，切割边缘会轻微氧化。对于厚度达4mm的板材，可以用氮气作为加工气体进行高压切割，这种情况下，切割边缘不会被氧化。

碳含量越高，切割边缘越易淬火，拐角越易过烧。板材表面的余热对切割结果有负面影响。

厚度在10mm以上的板材，对激光器使用特殊极板并且在加工中给工件表面涂油可以得到较好的效果，油膜减少熔渣粘到表面并极大地帮助切割，不影响切割活动的效果。

合金含量高的板材比含量低的更难切割，沸腾条件下熔化钢铁中的不纯成分实际上对切割结果有很大影响。

氧化或喷砂处理过的表面会得到更差的切割质量。为了切割表面洁净的结构钢，须遵循以下提示：Si ≤ 0.04%：首选，激光加工；Si < 0.25%：某些情况下会得到稍微差点的切口；Si > 0.25%：不适合激光切割，可能会得到更差的或不一致的结果。

b）不锈钢

切割不锈钢需要：在边缘氧化不要紧的情况下，使用氧气；使用氮气以得到无氧化无毛刺的边缘，后续无需再作处理；用可能得到的高激光功率，同时采用高压氮气，比用氧气可能会得到相当的或更高的切割速度；为了用氮气切4mm以上的不锈钢，并且无毛刺，调节焦点位置是必要的。重新设焦点位置并降低速度，就可能得到洁净的切口，当然无法避免小毛刺；在板材表面涂层油膜会得到更好的穿孔效果，而不降低加工质量。对于 5mm 以上的厚板材，降低进给速度，激光采用脉冲模式。对于穿孔和切割采用同样的喷嘴高度。

c）铝

铝及其合金更适宜用连续模式切割。尽管有高反射率和热传导性，厚度 6mm 以下的铝材可以切割，这取决于合金类型和激光器能力。铝可以用氧切割或高压氮切割：当用氧切割时，切割表面粗糙而坚硬，只产生一点火焰，但难以消除；用氮气时，切割表面平滑。当加工 3mm 以下的板材时，通过最优调整后可以得到事实上无毛刺的切口。对于更厚的板材，会产生难以去除的毛刺。纯铝因为其高纯非常难切割。合金含量越高，材料越易切割。因为铝具有高反射性，在系统上需安装有"反射吸收"装置的时候才能切割铝材，否则反射会毁坏光学组件。

d）钛

钛板材用氩气和氮气作为加工气体来切割。其他参数可以参考镍铬钢。

e）铜和黄铜

铜和黄铜都具有高反射率和非常好的热传导性。厚度 1mm 以下的黄铜可以用氮气切割。厚度 2mm 以下的铜可以切割，加工气体必须用氧气。切割时建议在系统上安装有"反射吸收"装置才能切割铜和黄铜，否则反射会毁坏光学组件。

f）合成材料

切割合成材料时要注意切割的危险和可能排放的危险物质。可加工的合成材料有热塑性塑料、热硬化材料和人造橡胶。不能用激光切割来加工 PVC 或聚乙烯，因为释放的气体是有毒的。切割丙烯酸玻璃时需用氮气作辅助气体，气压必须低于 0.5bar，便可以得到平滑的切割表面。

g）有机物

在所有有机物切割中都存在着着火的危险（用氮气作为加工气体，也可以用压缩空气作为加工气体）。激光切割木材、皮革、纸板和纸时，切割边缘会烧焦（褐色）。进给速度越高，碳化越少。当加工胶合板时，无法保证会有洁净的切口。

2. 材料的厚度

切割材料的厚度一般与激光功率、辅助气体、材料特性等有关。

2.3.3　辅助气体对激光切割的影响

辅助气体相关的气体类型和气压、喷嘴直径和几何结构都会影响激光切割效果。气压和喷嘴几何结构决定了边缘粗糙度和毛刺的生成，加工气体消耗取决于喷嘴直径和气压。

1. 辅助气体及压力。

切割气压在 5bar 以下为低压，达 20bar 为高压。常用的切割喷嘴为锥体状的圆形口。保持喷嘴和工件表面之间的间距尽可能的小是必要的。距离越小，有效冲击割缝壁的气体质量就越高。经常使用 0.5～1.5mm 之间的间距。

激光切割过程常使用惰性气体来保护熔池。大多数应用场合则常使用氦、氩、氮等气体作保护，使工件在切割过程中免受氧化。结构钢多采用氧气作为切割气体，以利用铁-氧燃烧反应放热促进切割过程，切割速度快，切口质量好，当氧气压力调整合适时，可获得无挂渣的切割断面。不锈钢则采用 N_2 气作为切割气体。

图2-24是当切割功率在2500W时，对于不同厚度的结构钢，不同的气压对切割速度的影响。由图可知，并非切割气体压力越大，切割效果更好，气压增大，动量增大，排渣能力过强，断面反而会粗糙或容易造成切不透，反渣等现象的产生。另外，要考虑气体管路以及各接口的承压能力，气压过大，管路及接口的漏气的概率也增大。由于喷嘴与板材之间的高度是通过电容传感器来精确控制。切不透和反渣瞬间形成较强等离子云，影响电容传感器工作，导致切割枪体撞击板材，损坏枪体中陶瓷体或改变焦点位置。如不能及时发现，继续工作会造成枪体发热，切割性能下降，严重时将导致枪体报废。

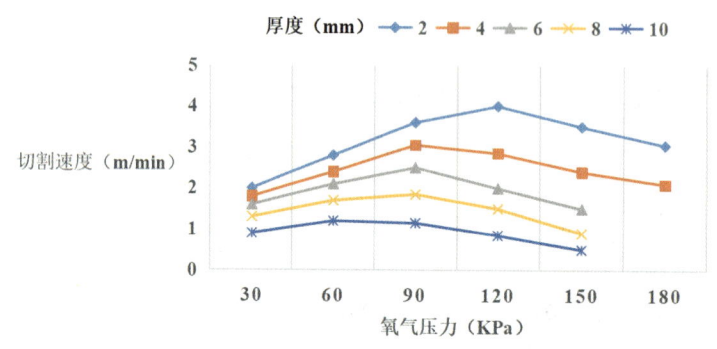

图2-24　功率2500W氧气压力与切割速度的关系

2. 喷嘴选择

切割时通常采用聚焦方式让激光聚焦，一般选用50.8mm或者63mm焦距的透镜。加工时，为了保持足够的功率密度，焦点位置至关重要。焦点与工件表面相对位置的变化直接影响切割宽度和雕刻的效果。激光切割钢材时，激光束通过透镜在喷嘴的下方聚焦，焦点处其功率密度最大，集中了整个光束的86%的能量。氧气和聚焦的激光束是通过喷嘴射到被切材料处，从而形成一个气流束，进入被切材料切口的气流量要大，速度要高，以便足够的氧化使切口材料充分进行放热反应，同时又要有足够的动量将熔融材料喷射吹出。所以这决定了对喷嘴的要求，目前激光切割的喷嘴采用一锥形端部小圆孔的结构，在使用时从喷嘴侧面通入一定压力。喷嘴一般分为单层与双层两种，材质为纯铜，体积较小。当进行不锈钢切割时，一般选用单层喷嘴。在切割碳钢时，厚度≤3mm单层与双层喷嘴均可，>3mm时，双层喷嘴可提高让氧化燃烧效率，进而提高切割速度。喷嘴的直径也决定了出口处的气流形状以及气压分布，太大会造成割缝宽，气流分散，耗气量大；太小会造成割缝窄，阻碍熔渣与板材分离。故应选择合适的喷嘴形状与直径，才能取得好的效果。具体选择见表2-3。

表 2-3 喷嘴的选择

材料	板厚（mm）	功率（kW）	切割速度（m/min）	气体压力（kPa）	喷嘴直径（mm）	镜片尺寸	焦点位置（mm）
碳钢	2	2.5	4.05	125	1.0–1.5 单双层	5	上表面 +1
	4	2.5	3.5	105	1.5–1.8 双层	7.5	上表面 +1
	6	2.5	2.7	98	1.5–1.8 双层	7.5	上表面
	8	2.5	1.95	85	1.5–1.8 双层	7.5	上表面
	10	2.5	1.44	80	1.8–2.0 双层	7.5	上表面 −1
不锈钢	2	2.2	3.8	160	1.5 单层	5	上表面 −1
	4	2.4	2.3	180	1.5 单层	7.5	上表面 −3
	6	2.4	1.4	210	2.0 单层	7.5	上表面 −4
	8	2.4	1.15	220	2.5 单层	7.5	上表面 −4.5
铝合金	0.8	2.2	4.0	90	1.8 单层	5	下表面 −0.5
	2	2.0	1.7	95	2.0 单层	7.5	下表面
	4	2.0	0.8	125	2.0 单层	7.5	下表面

2.3.4 激光切割过程

激光切割过程包括穿孔、起切、拐角的加工、结束切过程。

1. 穿孔

穿孔的参数值不同于切割的参数值。连续模式穿孔速度较快，但会产生穿孔坑。脉冲模式穿孔洞小，但比较耗时。板材厚度越厚，对应穿孔时间越长，如果板材切掉的部分和剩余部分都要，就直接在轮廓上使用脉冲穿孔功能。

2. 起切和结束切

穿孔通常用连续模式，其穿孔更快，但它产生一个比用脉冲穿孔更大的孔。由于此原因，起切穿孔的位置通常选在轮廓外边，穿孔和实际轮廓之间的切割长度称作起切部分。

激光光束焦点在起切部分末端和轮廓之间的变化可通过工件上切口边缘的平整度辨别出来。在切割轮廓较小情况下，穿孔过程中产生的热在对开始切割之前散发的情况影响比较大。为了热能散发，起切长度的选择尤为重要，而材料的厚度和需要切割的轮廓孔径都是影响散热的重要因素，可根据切割材料，材料厚度和所需切割的孔径，可以选择合适的起切长度（表 2-4）。

表 2-4 起切长度与板材厚度和孔径的选择关系

有氧切割碳钢			无氧化切割不锈钢			
			无氧切割木材或铝孔			
材料厚度（mm）	孔的直径 d（mm）	起切长度 a(mm)	材料厚度（mm）	孔的直径 d（mm）	起切长度 a(mm)	圆弧 R（mm）
1-6	d<10	孔中心（d/2）	1-6	d<20	孔中心（d/2）	1
	d>10	5		d>20	10	
8-12	d<20	孔中心（d/2）	8-12	d<30	孔中心（d/2）	
	d>20	10		d>30	15	
15-25	d<30	孔中心（d/2）				
	d>30	15				

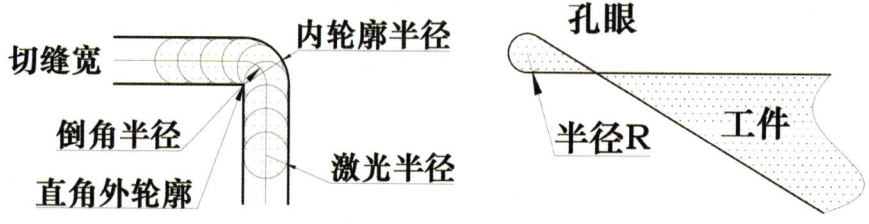

3. 拐角的加工

轮廓切割时尽可能避免无半径的拐角，原因在于有半径拐角时轴移动的动态性能更好，热影响区减少，而且切割出来毛刺的产生更少。一般来说，最优倒圆半径 R 为板材厚度的 10 分之一，但不小于 1mm；若板材上内轮廓要求无半径拐角时，最大半径 R 边缘为切口宽度的一半（图 2-25）。

在薄板上高速切割时，建议使用孔眼技术（图 2-26）。激光以固定的方向变化经过尖角，工件本身以恒速切割，并且减少了拐角处的热影响。

图 2-25 无半径外轮廓切割倒角半径　　图 2-26 薄板上的尖角采用孔眼

4. 经验参数

在实际使用中对切割数据进行整理调试，针对提高切割效率，并有较好的切割质量，在低碳钢的辅助气体选择氧气，不锈钢及铝合金的辅助气体选择氮气的基础上，建立激光切割工艺参数表，并不断对激光切割参数进行优化。在此基础上只需根据焦点位置、镜片磨损情况微调工艺参数，就可以高效率生产出质量优良的零件。在实际操作过程中更需要对注意的事项不断总结经验，这样才能更好指导实际操作。

（1）碳含量越高，切割边缘越易淬火，拐角越易过烧，尤其合金含量高的板材比低的更难切割，可降低 6%～12% 的速度，适当降低气压来保证断面质量。

（2）切割表面洁净的结构钢，须注意材料中 Si 元素的含量，当 Si ≤ 0.04% 时加工性能良好，当 Si < 0.25% 时对精度和使用性能要求不严格的配件适用，当 Si > 0.25% 时将不适合激光切割，甚至易对机床正常使用造成伤害。

（3）热切割会导致切割材料边缘发生金相变化，改变材料的机械性能。对于有特殊要求的配件，应最大限度地减小热影响区的范围。在改变切割方向时，割枪的平移速度会比直线切割时低，导致局部材料的热输入量增大，而形成较大的热影响区。为了避免这种现象的产生，在切割中要使用功率调制的功能，降低此时的激光功率，而达到减少热输入的目的。

（4）加工小曲线型配件时应改变其进给速率，并选择氮气作为加工气体，避免切割边缘氧化。加工厚度小于 1mm 的板材，可以用氮气作为加工气体进行切割，切割边缘不会被氧化。加工复杂轮廓和直径小于材料厚度的小孔切割，应使用脉冲模式切割，避免切掉尖角。

（5）切割不锈钢时选用氧切割或高压氮切割都可以，但氧气切割会产生边缘氧化，采用氮气切割不会产生氧化。采用高功率激光，配以高压氮气作为切割气体，可以达到更高的切割速度，如果在板材表面涂层油膜会得到更好的穿孔效果。

2.4 激光切割质量评价及影响因素

2.4.1 评估切口

观察切口的质量情况有助于指导激光切割参数调试，激光参数不合适会出现各种情况，如切不透、挂渣、不平整等。以下分别介绍用 O_2 切割结构钢、用 N_2 高压切割不锈钢和铝合金。

1. O_2 切割结构钢

工业中用 O_2 切割结构钢的情况非常普遍，出现的切口情况也很多。最佳情况为无毛刺，牵引线一致（如图 2-27）。

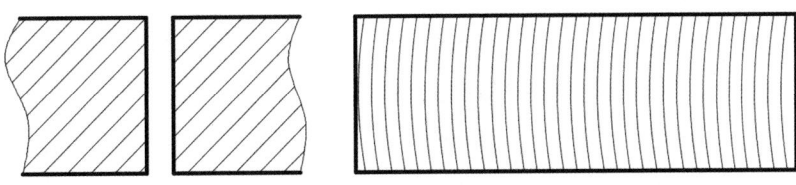

图 2-27 理想切口状态

（1）未切透时经常会出现材料从上面排出（图 2-28a），出现这种情况往往是因为功率太低或进给速率太高。有时会出现蓝色等离子体的情况（图 2-28b），原因是用错辅助气体，使用了 N_2。出现此情况应立即按暂停按钮，以防止熔渣飞溅到聚焦镜上，然后再增加功率，减小进给速率。若是气体使用错误应及时更换输入的气体。

（2）切透后材料切口质量情况非常复杂，所以必须搞清楚产生不同情况的切口质量原因。

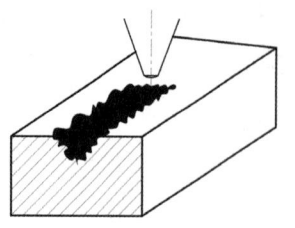
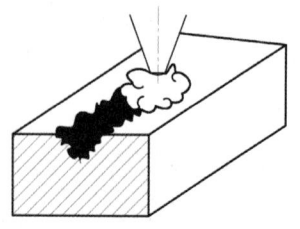

（a）材料从上面排出　　（b）出现蓝色等离子体

图 2-28　未切透状况

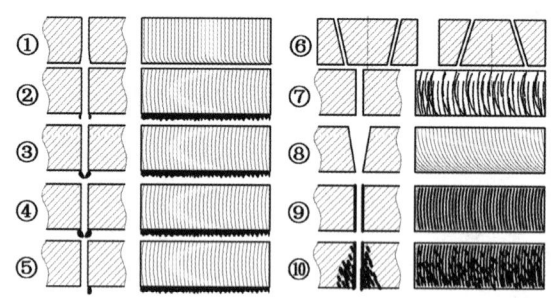

图 2-29　切透后的切口情况

①底部牵引线有很大的偏移，且底部的切口更宽。主要原因是进给速率太高、激光功率太低、气压太低和焦点太高，所以需要减小进给速率、增加激光功率、加大气压、降低焦点。

②底面上的毛刺类似熔渣，呈点滴状并容易除去。原因是进给速率太高、气压太低和焦点太高，所以需减小进给速率、加大气压、降低焦点。

③连在一起的金属毛刺可以作为一整块被除去。原因是焦点太高，需降低焦点。

④底面上的金属毛刺很难除去。原因可能是进给速率太高、气压太低、气体不纯、焦点太高，需要减小进给速率、加大气压、使用更纯的气体、降低焦点。

⑤只在一边上有毛刺。喷嘴对中不正确、喷嘴口有缺陷，对中喷嘴、换喷嘴。

⑥倾斜面切割，两面好，两面差。极化反射镜不合适，安装不正确或有缺陷或极化反射镜安装在了偏转镜的位置，需检查极化反射镜和偏转镜。

⑦切割表面不精密。可能是气压太高、喷嘴损坏了、喷嘴直径太大或材料不好导致的，减小气压、更换喷嘴、安装合适的喷嘴或使用表面平滑均匀的材料。

⑧无毛刺，牵引线倾斜，切口在底部变得更狭窄。原因是进给速率太高，需减小进给速率。

⑨切割表面非常粗糙。可能是焦点太高、气压太高、进给速率太低、材料太热，可通过降低焦点、减小气压、增加进给速率或冷却材料进行调节。

⑩产生弹坑。原因是气压太高、进给速率太低、焦点太高、板材表面有锈、加工的工件过热或材料不纯，可通过减小气压、增加进给速率、降低焦点或使用质量更好的材料来改善。

2. 高压 N_2 切割不锈钢

使用高压 N_2 切割不锈钢时同样会出现切割质量不一的情况，通过分析切口情况，判断其发生的原因，再调试激光参数不断改善切口质量。

（1）未切透的情况可能会在直线截面上或拐角处产生等离子体、光束在开始处发散或材料从上面排出。大部分原因可能是进给速率太高或功率太低，一般采取的措施是出现此情况立即按暂停按钮，以防止熔渣飞溅到聚焦镜上，并减小进给速率或增加功率。在直线截面上产生等离子体和光束在开始处发散还有可能是焦点太低，需要提高焦点来改善切割情况。光束在开始处发散和拐角处产生等离子体也有可能是因为加速度太高导致熔化的材料未能排出，需要减小加速度。拐角处产生等离子体有时候是因为角度公差太高或调制太高导致，需要减小角度公差或减小调制。

（2）切透后材料切口质量情况也是多种多样（图2-30）。

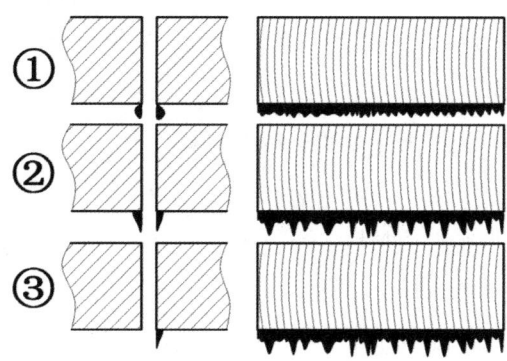

图2-30　切透后的切口情况

①产生点滴状的细小规则毛刺。原因可能是焦点太低或进给速率太高，可通过抬高焦点或减小进给速率来改善切口质量。

②两边都产生长的不规则的细丝状毛刺，大板材的表面变色。原因可能是进给速率太低、焦点太高、气压太低或材料太热，可通过增加进给速率、降低焦点、加大气压或冷却材料的方式改善切口。

③只在切割边缘的一边产生长的不规则的毛刺。原因是喷嘴未对中、焦点太高、气压太低或速度太低，通过对中喷嘴、降低焦点、加大气压或提高速度加以改善。

④切割边缘发黄。原因是氮气里含有氧气等杂质，需更换质量较好的氮气。

⑤光束分散。原因是进给速率太高、功率太低或焦点太低，可通过减小进给速率、增加功率或抬高焦点的方式改善。

⑥切口粗糙。原因是喷嘴损坏了或透镜脏了，应更换喷嘴、清洗透镜。

3. 高压N_2切割铝合金

（1）两边都产生长的不规则的细丝状毛刺，很难除去。可能的原因是焦点太高、气压太低或进给速率太低，需要通过降低焦点、加大气压或增加进给速率进行调试。

（2）两边都产生长的不规则的毛刺，可手工除去。可能是进给速率太低，可适当增加进给速率。

（3）产生细小的有规则的毛刺，很难除去。可能是焦点太低或进给速率太高，需要抬高焦点或减小进给速率进行调试。

（4）切口粗糙。可能原因是喷嘴直径太大、喷嘴损坏了或气压太高，可安装合适的喷嘴、更换喷嘴或减小气压进行调试。

（5）其他情况可参考高压N_2切割不锈钢的情况。

2.5 激光切割技术应用与操作实践

2.5.1 激光切割技术应用

追溯激光切割技术的历史，该技术已逐渐走向成熟，但在国内，激光切割技术仍然落后于世界水平。激光切割在行业当中主要应用在电子工件雕刻、木材切割与雕刻、大理石雕刻、玻璃雕刻、亚克力和木材招牌、结婚纪念品、铭牌、贴花、DIY玩具、木质模型、相框、景区纪念品、卡片和邀请函、定制珠宝、奖牌、亚克力奖品、相册、定制礼物、镜面雕刻、建筑模型、定制宠物标牌、3D模型、牛仔裤雕刻、照片雕刻、条形码雕刻、定制Logo、医学用品标志和定制笔记本等领域。在机械制造业中，部分金属材料与部分非金属材料的加工需要用到激光切割技术，此外，激光切割技术还可以运用到模具的制造中。

激光的适应性好，这也使得激光切割技术的应用范围很广，而现阶段激光切割技术在机械制造行业中的有效运用主要集中在对零部件的加工环节。总的来说激光切割技术主要集中在三个方面，即对非金属材料的切割、金属材料的切割以及在其他方面的运用。具体介绍如下：

1. 加工非金属材料

在对非金属材料采用激光切割技术进行加工时，能加工的材料包括了合成材料和有机物材料等，在对该类材料进行激光切割的过程中，电容传感器必须处在关闭状态，只有这样才能使用机械模式测定焦点高度。相比于金属材料而言，非金属材料对激光的吸光率较高，因此采用激光切割技术切割非金属材料能有效提高加工效率。对于非金属材料的激光切割技术主要有模板加工、手表宝石打出轴孔等。对于不同的非金属材料要采用不同的加工气体，气体的气压一般是0.5bar，一些常见非金属材料的切割参数如表2-5所示。

表2-5 常见非金属材料的切割参数表

材料	功率（W）	材料厚度（mm）	切口宽度（mm）	切割速度（m/min）
塑料	500	20	1	0.5
有机玻璃	300	10	1	0.8
尼龙	180	2	1.5	3.65
皮革	225	3	1.2	3.05

2. 加工金属材料

激光切割技术的运用不仅能够提升加工效率、降低加工成本，还能够得到更精密的金属材料。

现在工厂常用的激光切割器是输出功率2kW功率、CO_2激光器，其能够快速切割厚度不超过8mm的不锈钢以及12mm的普碳钢。激光切割技术的存在，对于提高对材料的加工效率，减少材料的浪费以及形成高质量的切割成品具有重要的作用，而且激光切割技术得出来的成品材料较传统切割技术得出来的成品材料更精确（激光切割技术加工金属材料的定位精度是 0.05mm，重复定位精度为 0.02mm）。因此，随着激光切割技术的不断发展，打破金属材料切割的局限性，金属材料加工领域对激光切割技术的运用更加频繁。

3. 其他应用

除以上两种情况外，激光切割技术在模具制造中还有着广泛的应用。在模具制造的过程中，运用激光切割技术能有效形成叠层模具以及三维成型模具。这两种模具的精度高，采用激光切割技术不仅能加快生产速度，同时还能为加工过程提供方便。

2.5.2　非金属激光切割机操作

1. 设备操作

以下介绍德美鹰华 X-1309 高精度非金属激光切割机的设备操作。

（1）X-1309 高精度非金属激光切割机

a）开机

水冷机、排风机和设备主机的启动步骤和注意事项。

启动水冷机：目视检查水路和电气连接，并确认水位线位于绿色区域；观察确认有无漏水情况；确认误报警（报警音，报警信息等）。

如有任何异常情况，应立即关闭水冷机，并断开总电源，同时注意触电危险！水冷机电源集成进设备主机，启动设备主机时会同时启动水冷机。启动前后的检查、注意事项和处理办法同上。

启动排风机：目视检查风管和电气连接；确认有无异常噪音。

如有任何异常情况，应立即关闭排风机。排风机电源集成进设备主机，开始加工时会同时启动排风机，加工结束并延时数秒后，会自动关闭排风机。启动前后的检查、注意事项和处理办法同上。

启动设备主机：目视检查电气连接；确认设备后侧空气保护开关已打开；打开设备上盖，确认工作台面上无杂物，不会出现碰撞切割头的危险；转动钥匙开关启动设备；观察切割头回到设备工作区域右上角复位点，并返回之前保存的加工定位点；确认控制面板进入待机状态，设备无异常（如异响、切割头不正常移动等）。

在启动设备主机以及加工任务开始和结束时刻，参照水冷机和排风机启动前后的检查、注意事项和处理办法，并注意相关的异常情况并进行相应的处理。

b）关机和日常维护

关机—关闭主机—排风机—水冷机：转动钥匙开关关闭设备；若长期不使用设备，关闭设备后侧的空气保护开关。

日常维护：养成良好的日常维护习惯能大大降低设备出现问题的概率，并降低维护成本，保证设备长期稳定运行。

日常维护工作结束后，放下设备上盖，避免上盖长时间受力变形，以及支撑用的气弹簧损坏。

清洁工作区域：取出剩余加工材料。清除台面上所有加工废料，并将台面擦拭干净。清洁铝刀条，长期污损的铝刀条会严重影响加工质量，并容易出现切割过程中材料下方起火的情况。清除收料漏斗中所有加工废料。

清洁导轨：使用干净柔软的抹布清洁所有导轨。

检查和清洁镜片：检查第二和第三反射镜是否有灰尘粘在镜片表面，若有，应先使用空气球吹净，再使用棉棒蘸取酒精进行清洁。

取下切割头下部的切割笔，检查聚焦镜片是否有灰尘粘在镜片表面，若有，先使用空气球吹净，再使用棉棒蘸取医用酒精进行清洁。

c）面板操作

EagleCAM控制系统的操作面板由一块彩色显示屏和一系列操作按键组成（图2-31）。显示屏用于显示控制系统的功能、操作和状态等信息，按键用于完成各项操作。

①方向键：在设备空闲状态下，可以使用方向键前后、左右移动切割头至期望的位置。在系统设置中可以设置连续移动或点动，即一次移动一段固定的距离。点击Z/U按键可以进入系统菜单，在X-1309上最常用的是Z轴移动，就是上下移动工作台。

②确定、退出键：确定和退出键分别用于进入和退出菜单、确认和取消操作等。

③定位、边框键：定位和边框键用于确定和预览文件任务的加工位置。

④启动暂停键：启动暂停键用于启动加工，控制加工中暂停和继续，如需取消，暂停后按退出键即可。

⑤文件：点击文件按键可以进入文件操作界面，选择相应的文件并进行操作。

⑥速度键和最大、最小功率键：空闲状态下，速度键和最大、最小功率键用于设置方向键移动速度和激光点射功率。加工状态下，速度键和最大、最小功率键用于设置加工速度和激光加工功率。

⑦点射：点射键用于在空闲状态下进行激光点射，主要用于激光系统测试和调整光路。

⑧复位：设备使用过程中出现碰撞切割头等意外情况时，经过检查和修复后，可在不关机的情况下，点击复位键使切割头回到加工区域右上角复位点重新建立设备坐标系，否则，可能出现切割头移动超出加工区域的问题。

d）面板文件管理

①文件管理界面布局是界面左侧大块矩形区域为文件列表，使用方向键上下移动进行选择（图2-32）。

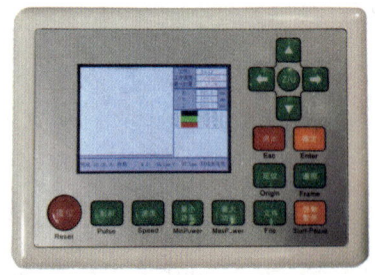

图2-31 操作面板

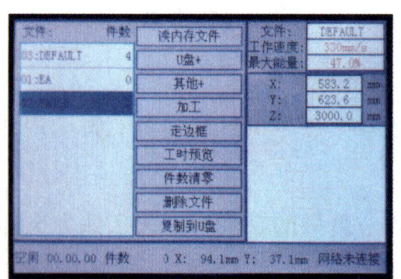

图2-32 文件管理界面

中间为文件操作功能区，包含多个功能的操作按键。使用左右方向键可在文件列表和功能区之间切换。使用上下方向键可在不同功能间切换。右侧从上至下分别为运行参数区、当前坐标区和文件图形预览区，选中文件的图形会在预览区中显示。下方为状态栏，显示设备当前状态信息。

②读内存文件：点击控制面板上的文件键后，会进入文件管理界面。文件列表会自动显示当前设备内存中的所有文件。如果此时从联机的电脑上下载文件至设备，则需要使用读内存文件功能进行刷新，或者退出并重新进入文件管理界面。

③U盘操作：使用U盘传输文件，将U盘插入设备后，可进入U盘+菜单进行相关操作，如拷贝文件至内存等。所有文件都需要拷贝至内存后才能进行加工等后续操作。

④走边框和加工：对于已多次加工，且加工参数已相对固定的文件任务，可以使用走边框和加工功能，在文件管理界面中直接预览文件任务的加工位置并进行加工，简化操作流程。

⑤工时预览：对于内容复杂的文件任务，可以在加工前使用工时预览功能估算加工时间，便于更加合理地安排加工任务。

⑥件数清零：计件加工时，可以根据需要使用件数清零功能将加工计数清零，对后续的加工开始重新计数。

⑦删除文件：可以使用删除文件功能删除不再使用的文件，释放内存空间，同时避免文件过多，影响日常使用。

⑧复制到U盘：复制到U盘功能可以将内存中的文件拷贝至U盘，在缺少原始设计文件的情况下可使用该功能在其他设备上实现加工。

e）准备加工任务

使用U盘将加工任务文件保存至设备，再从内存中选择文件，然后在面板上确认和调整加工参数，并能够做好加工前的准备工作，数据传输如图2-33所示。

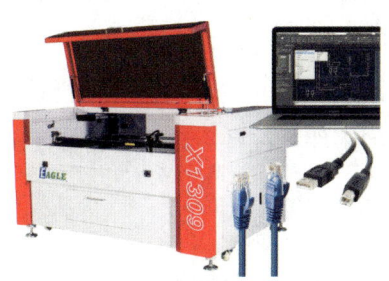

图2-33 数据传输

联机下载加工任务文件：设备与电脑通过USB或以太网线缆联机时，可以直接下载加工任务文件至设备内存，然后完成后续加工任务的准备工作，甚至可以从软件中直接控制进行加工。否则，需要通过U盘来转存加工任务文件。

U盘转存加工任务文件：将U盘插入至设备的FLASH接口（图2-34a）；按下面板上的"文件"键进入文件管理菜单；选择并进入U盘+菜单；选中要复制的文件，并选中复制到内存。若出现文件类型错误，应在输出软件中修改设备型号后再试。

在设备上选择加工任务文件：在文件管理界面的文件列表中，选择要加工的任务文件（图2-34b），在右下角预览区中可以看到文件图形，以便确认；按下面板上的确定键选中任务文件，系统自动返回主界面（图2-34c）。

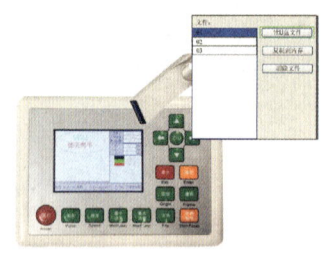

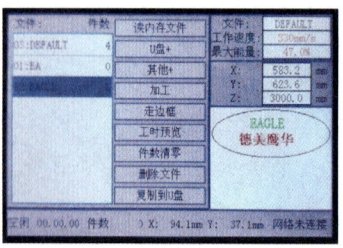
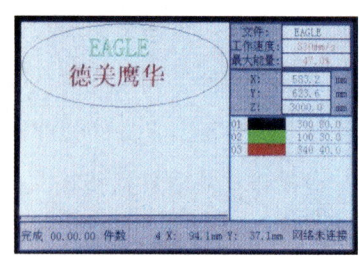

（a）插入U盘　　　　（b）进入U盘+菜单　　　　（c）选中任务文件

图2-34　文件导入并确认参数

确认加工参数：选中加工任务文件后，在右下角图层参数区中可以看到各个图层的加工参数。根据待加工材料和加工要求，确认加工参数是否合适，否则，应修改对应的加工参数。

按下面板上的确定键激活图层参数列表；按下上下方向键选择对应的图层；按下确定键打开当前图层参数；按下Z/U键在各个参数间切换；按下左右键移动光标，上下键修改数值，直至正确；所有修改完成后，按下确定键确认修改，返回主界面。

修改完成返回主界面后，图形显示区可能会清空，不影响使用，可继续操作。

f）放置材料和调整焦距

开始加工前，需先将材料放置在加工区域的合适位置，并调整确认焦距，以保证设备正确工作。切割加工时工作台面上铝刀条的布置，以及材料放置的位置会影响材料的加工质量和操作的方便程度。

放置材料 – 铝刀条布置：

由于铝刀条在激光切割时会反射激光，造成工件背面出现小凹槽，影响切割质量，在保证工件支撑稳固的情况下，应使用尽可能少的刀条来支撑工件。

由于实际使用中，工件大小各异，薄厚也不同，因此在加工平台上的一部分区域布置较密的刀条，用于支撑尺寸较小，或厚度比较薄的工件；在另一部分区域布置比较稀疏的刀条，用于支撑尺寸较大或厚度较厚的工件（图2-35）。

放置材料—工件放置位置：

由于加工时通常使用人为确定的加工位置，因此工件可以在加工区域内随意放置，为了方便拿取工件及取得尽可能好的加工质量，通常将工件放置在加工平台的左下角区域（左侧比右侧激光光程更短，光路偏差更小），如图2-36所示。

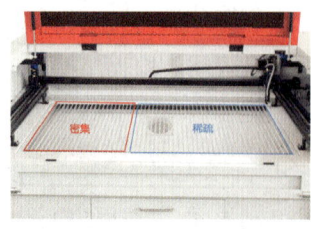
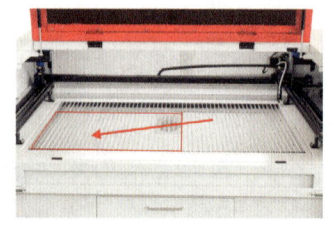

图2-35　刀条布置　　　　图2-36　材料放置合适位置

对于绝大多数薄板材料，保证加工平台与周围设备框架齐平即可，对高度较高的材料，需先降低加工平台再放置材料。

调整焦距—薄板材料（30mm以下）：

将工件放置好，并确认其稳固后，使用控制面板上的方向键将切割头移动至工件上方，将随机附带的对焦块放在切割头喷嘴和工件之间，松开切割头的锁紧螺丝，让切割头自然落下至对焦块上，拧紧锁紧螺丝，取出对焦块，完成对焦（图2-37）。

调整焦距—高度较高材料：

按下面板上的Z/U键，进入系统菜单，选中Z轴移动，按下左方向键降低加工平台，放入材料，使用左右方向键调整材料上加工面的高度，与设备工作台周围框架齐平即可。然后使用上述薄板材料同样方法调整焦距。

g）设置和预览加工位置

选定加工任务，确认加工参数，放置待加工材料，并调整好焦距后，在开始加工前，需要先设置和预览加工位置，以保证在材料上正确的位置进行加工，避免出现加工位置错误或材料尺寸不够等常见的问题。

设置加工位置：

设置加工位置实际上是设置图形加工参考点的位置，图形加工参考点在软件中进行设置。以软件中设置的左下角点为例说明，如图2-38所示。按下面板方向键移动切割头至指定位置，按下定位键，设置加工参考点位置。

预览加工位置：定位完成后，按下面板上的边框键预览加工位置，切割头将按照待加工任务的外接矩形框路径走一遍，以表示加工位置，如图2-39所示。

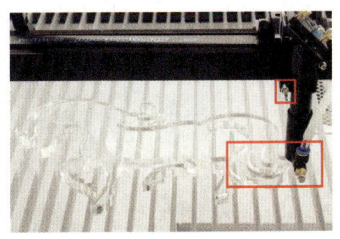 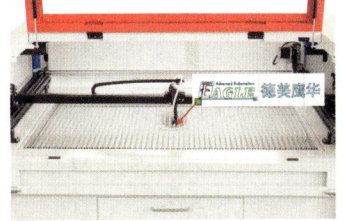 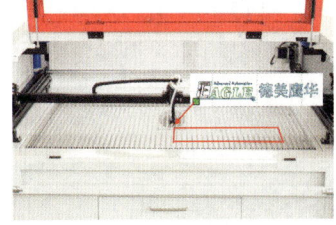

图2-37　焦距调节　　　　图2-38　加工位置设置　　　　图2-39　走边框

预览加工位置—越界错误处理：如果加工位置超出设备可加工区域，面板会提示错误。以切割加工任务为例，按照上述左下角参考点，将定位点设置在靠近加工区域右侧，就会出现越界错误。

这时，需要根据具体情况重新设置定位点，再进行预览确认，直至成功为止。

预览加工位置—雕刻加工定位：

雕刻任务的加工位置不包含雕刻加工时两侧的加速段距离，有时会出现预览加工位置成功，但执行加工时报告越界的情况。以雕刻任务为例，按照上述左下角参考点，将定位点设置在加工区域最左侧，预览加工位置成功，但执行加工时会报告越界。

这时需要根据具体情况重新设置定位点，再尝试执行加工，直至成功为止。上例中应将定位点右移，直至执行加工成功为止。雕刻任务定位的基本原则是不要定位至加工区域的左侧或右侧边缘。

h）加工过程控制

选定加工任务，确认加工参数，放置待加工材料，调整焦距，设置并预览加工位置后，即可开始加工。

开始加工：开始加工前，关上设备上盖，确认激光器使能按钮已按下，然后按下面板上的启动/暂停键开始加工（图2-40）。

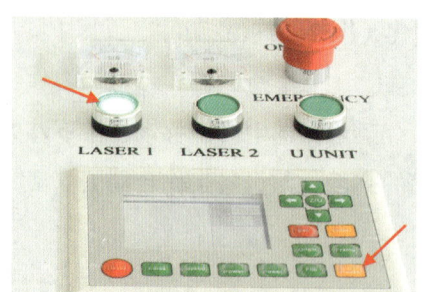

图2-40　开始加工操作

加工过程监控：加工过程中可能出现各种情况，自始至终需要有人值守。

切割亚克力等易燃材料时，可能出现材料下表面着火的情况，这时需要立即按下启动/暂停键暂停加工。待火灭了之后，如果需要，可适当加大辅助气体吹气量，然后再次按下启动/暂停键继续加工。

切割亚克力等硬质板材时，有时切完的部分因为下方刀条支撑位置偏离重心，会出现翘起的情况。此时需要适时按下启动/暂停键暂停加工，取出翘起的部件，防止其与切割头发生碰撞，然后再次按下启动/暂停键继续加工。

出现其他异常情况，如异响、切割头移动异常等，也应立即按下启动/暂停键暂停加工，排除故障，并视具体情况按下启动/暂停键继续加工或按下退出键取消加工。

加工过程中的错误报警处理：

①冷却水报警，设备冷却水出现故障时，会自动暂停加工并在面板上显示报警信息，需要检查水冷机是否正常工作，排除故障后，按屏幕提示操作继续加工。

②设备保护报警，设备加工时，如果打开设备上盖或打开设备后方的激光管盒盖，都会触发设备保护报警，会自动暂停加工，并在面板上显示报警信息。这时，需要检查这些可能的位置，排除故障后，按屏幕提示操作继续加工。

加工结束：加工结束后，设备会发出提示音，切割头自动返回指定的停靠点，面板显示相应的统计信息，如加工计时和计数等。这时可以打开设备上盖，取出切下的工件和废料。

2.软件操作

（1）EagleWorks 界面简介

启动软件后，就可以看到如图2-41所示的操作界面。熟悉此操作界面，将是使用该软件进行激光加工的基础。

绘图区：与大多数CAD类软件类似，EagleWorks软件的中央区域为大片的绘图区，用户可以在这里完成绘图、编辑和排版等主要工作。

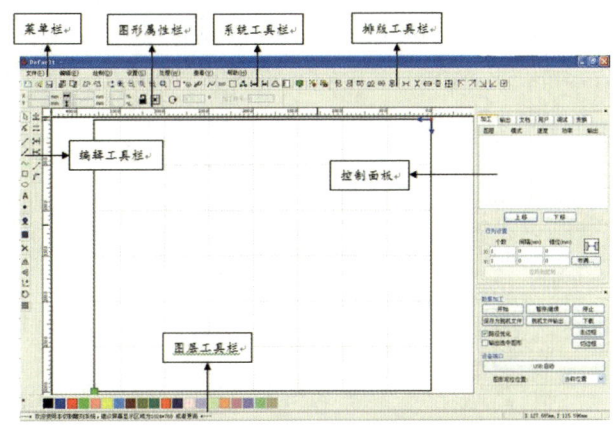

图 2-41　EagleWorks 软件界面

菜单栏：提供了 EagleWorks 软件绝大部分功能的访问入口，有文件、编辑、查看和帮助等常见菜单，绘制菜单包含了绘图功能，设置、处理、工具和主板型号菜单则提供了针对激光加工特有的功能。

系统工具栏：提供了最常见的软件功能，例如新建、打开和保存文件，导入和导出图形，撤销和恢复操作，针对绘图软件的查看功能，以及其他常用功能。

编辑工具栏/切割属性工具栏：在软件中也称切割属性工具栏，用于修改图形的位置、尺寸和旋转角度等基本属性。

排版工具栏/对齐工具栏：在软件中也称对齐工具栏，包含对齐图形、统一图形尺寸和移动图形至特定位置等排版功能。

绘图工具栏/绘制工具栏：在软件中称绘制工具栏，包含基本的绘图、编辑和排版功能，用于创建简单的图形，编辑曲线节点和进行阵列等排版操作。

图层工具栏/颜色工具栏：在软件中称颜色工具栏，用于修改图形的颜色，将图形分配给不同的图层，便于灵活地设置加工工艺。

功能区/系统工作区：在软件中也称系统工作区，包含了 6 个功能板块，分别为加工、输出、文档、用户、调试和变换，对应了不同的功能组。

加工功能组包含了图层工艺设置功能，文档功能组允许在软件中直接管理联机设备中的任务文件，变换功能组包含了一些图形编辑功能。

加工控制栏：包含了连接设备、直接加工控制和加工任务文件下载和保存等功能，用于输出任务和控制加工。

状态栏：状态栏用于显示 EagleWorks 软件当前的操作状态，帮助用户获取信息。

（2）EagleWorks 操作流程

EagleWorks 软件的基本操作包括从设计到输出加工的五大流程，包括导入设计、编辑排版、工艺设置、加工预览和输出加工。

导入设计：EagleWorks 软件仅提供了最基础的绘图功能，因此设计工作一般在第三方软件中完成。

单击文件 -> 导入菜单项，或系统工具栏中的导入按钮，打开导入对话框。选中要导入的文件，单击打开即可。

在第三方软件使用 DXF 文件格式导出设计文件，与 EagleWorks 软件的兼容性好。

编辑排版：导入设计后，可在 EagleWorks 中做简单的编辑和排版，例如修改图形尺寸，阵列图形等，如图 2-42 所示。

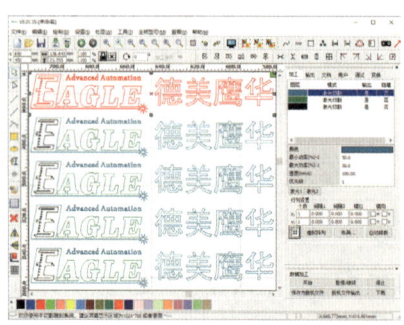

图 2-42　EagleWorks 编辑和排版

工艺设置：完成编辑和排版后，可以根据加工工艺要求为图形设置图层，然后在功能区的加工栏中设置图层工艺参数（图 2-43）。

加工预览：设置好加工工艺后，单击编辑 -> 加工预览菜单项或系统工具栏中的加工预览按钮来预览加工过程，确认加工过程与预期一致（图 2-44）。

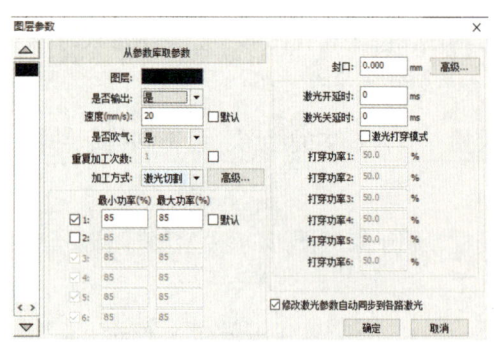 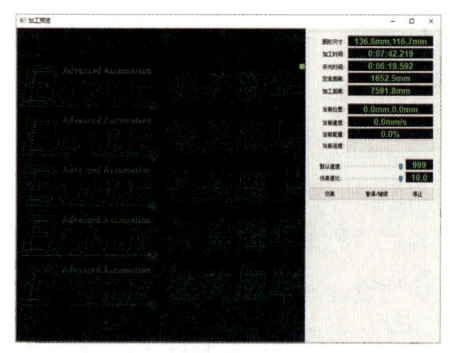

图 2-43　工艺设置　　　　　　　　图 2-44　加工预览

输出加工：完成加工预览后，如果设备正与电脑联机，则可以通过加工控制栏中的实时控制功能直接控制设备加工；也可以下载加工任务文件至设备，再从设备端操作；如果设备处于脱机状态，则可以保存加工任务文件，并使用 U 盘转存至设备，再从设备端操作。

（3）EagleWorks 绘制基本图形

在设备调试中，需要绘制一些简单的图形，例如矩形和圆形，可以利用 EagleWorks 软件提供的绘图功能快速完成这些任务。软件可以简单绘制直线、折线、曲线、矩形、椭圆和文字等图形，并可以进行选择和修改对象等功能。但是真正设计图形建议使用专业软件，然后转化成 DXF 等可读格式文件导入该软件中。

（4）EagleWorks 导入设计

导入：单击"文件 -> 导入"菜单项或系统工具栏上的"导入"按钮，打开"导入"对话框。选择要导入的文件，在右侧预览框中确认无误后，单击"打开"按钮即可完成导入（图 2-45）。

EagleWorks 软件支持大多数常见的图形文件格式，但对部分文件格式的较高版本支持不好，建议统一使用较低版本的 DXF 文件，兼容性最好。

大多数情况下，软件能够自动区分 DXF 文件中的不同图层，如果发生问题，应尝试降低 DXF 文件的版本。

文件参数设置：如果导入图形时发生尺寸错误、曲线未闭合等情况，可以参考文件参数来寻找问题。单击"设置 -> 文件参数设置"菜单项打开"文件参数"对话框，如图 2-46 所示。

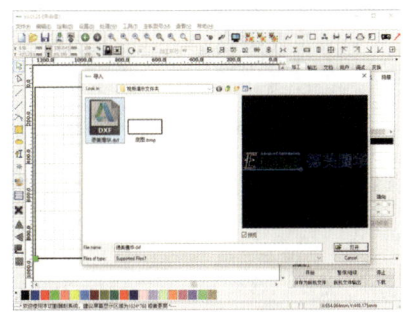 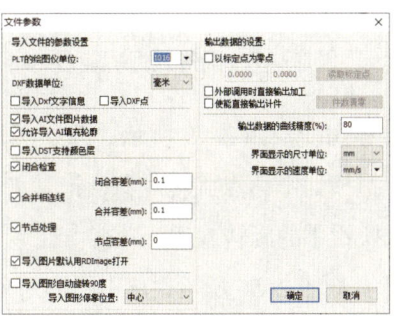

图 2-45　文件导入　　　　　　　　图 2-46　文件参数设置

PLT 的绘图仪单位和 DXF 数据单位参数会直接影响图形尺寸，需保持与第三方绘图软件一致。在 AutoCAD 等软件中绘图时，曲线常常是不闭合的，这样会严重扰乱切割加工的顺序，闭合检查和合并相连线参数可以自动解决这类问题。选中导入图片默认用 RDImage 打开选项后，导入位图时，软件会自动使用 RDImage 功能辅助处理图像，以取得最佳雕刻效果。可以设置导入图形停靠位置来确定导入图形在绘图区中的默认位置。

界面显示的尺寸单位和界面显示的速度单位保持为公制单位即可。

相关功能：如果检查了文件参数设置后仍不能解决导入设计时遇到的问题，可以使用软件提供的相关功能另行处理。

选中图形中存在问题的部分后，单击"处理"菜单，会看到"曲线自动闭合"和"合并相连线"等选项。附加工具栏中的"曲线自动闭合"和"合并相连线"等按钮也会被激活，可以使用这些独立的功能处理遇到的问题，具体如图 2-47 所示。

（5）EagleWorks 查看设计

软件提供了查看设计的各种相关功能，如鼠标滚轮缩放、缩放所有图形对象、缩放选中的图形对象、缩放至整个页面范围、缩放框选区域、放大和缩小、平移显示内容、查看切割加工路径等。

（6）EagleWorks 编辑与排版

从编辑功能开始，简要介绍如何修改图形对象的尺寸，旋转和切变，以及镜像和编辑曲线；然后进入排版功能，简要介绍如何移动对象和进行阵列。

编辑 - 修改尺寸：选中图形对象后，直接用鼠标拖拽选择框的四个角点或四个中点，修改对象尺寸；在编辑工具栏中修改对象尺寸；使用右侧功能区变换栏中的修改尺寸功能；以最后选中的对象为基准，使用绘制 -> 对齐菜单下或排版工具栏中的等宽、等高和等大小功能，修改其他对象的相应尺寸，与其一致，如图 2-48 所示。

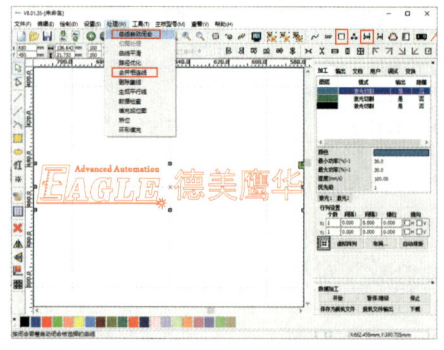
图 2-47 图形处理功能

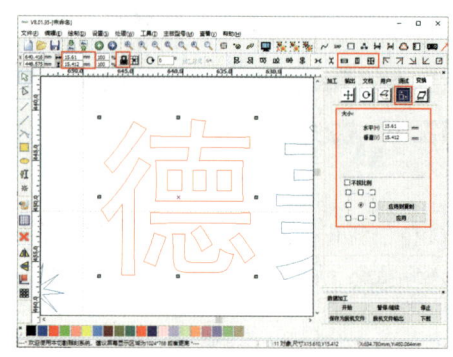
图 2-48 图形尺寸修改

编辑—旋转和切变：如 2-49 所示，选中图形对象后，双击选择框中心点，进入旋转和切变模式后，直接用鼠标拖拽四个角点旋转对象，拖拽四个中点切变对象；在编辑工具栏中设置旋转角度；使用右侧功能区变换栏中的旋转或切变功能。

编辑—镜像：如图 2-50 所示，选中图形对象后，使用绘图工具栏中的水平镜像或垂直镜像功能；使用右侧功能区变换栏中的镜像功能；使用绘制菜单中的水平镜像或垂直镜像功能。

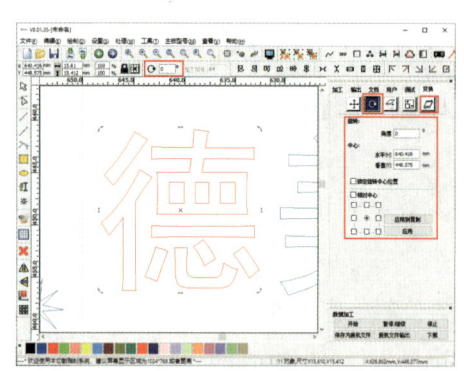
图 2-49 旋转图形

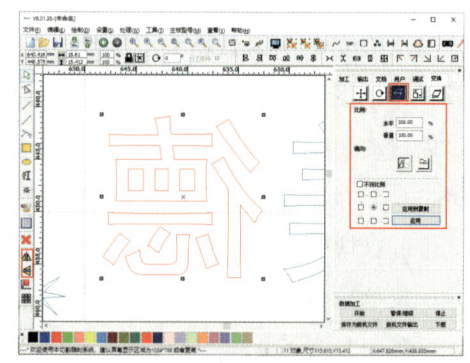
图 2-50 图形镜像

编辑—编辑曲线：如图 2-51 所示，选中曲线图形对象后，单击绘制 -> 节点编辑菜单项或绘图工具栏中的节点编辑按钮，进入曲线节点编辑功能，可以对曲线节点进行修改。

通用编辑功能：如图 2-52 所示，单击编辑 -> 撤销或恢复菜单项或系统工具栏中的撤销或恢复按钮对软件操作进行撤销或恢复。选中图形对象后，单击编辑 -> 剪切、复制或粘贴菜单项或按下相应的键盘组合键，对图形对象进行剪切、复制或粘贴操作。选中图形对象后，单击编辑 -> 删除菜单项，按下绘图工具栏中的删除按钮或按下键盘上的 Del 键删除对象。

排版—移动对象：选中图形对象后，直接使用鼠标拖拽选择框的中心点，移动对象。在编辑工具栏中修改对象位置。使用右侧功能区变换栏中的修改位置功能。以最后选中的对象为基准，使用绘制 -> 对齐菜单下或排版工具栏中的左对齐、顶端对齐和水平居中对齐等功能，修改其他对象的相应位置，与其对齐。

使用绘制 -> 对齐菜单下或排版工具栏中的等水平间距或等垂直间距功能，自动调整图形对象的位置；单击绘制 -> 数据居中菜单项或绘图工具栏中的数据居中按钮使图形对象在绘图区居中；使用绘制 -> 对齐菜单下或排版工具栏中的左上、靠左或在页面居中等功能，修改图形对象的位置。

排版—阵列：如图 2-53 所示，选中图形对象后，单击"绘图 –> 阵列复制"菜单项或绘图工具栏中的"阵列复制"按钮，打开"阵列复制"对话框，设置阵列参数后，单击"确定"按钮即可。还可以使用右侧功能区加工栏中的虚拟阵列功能进行阵列。

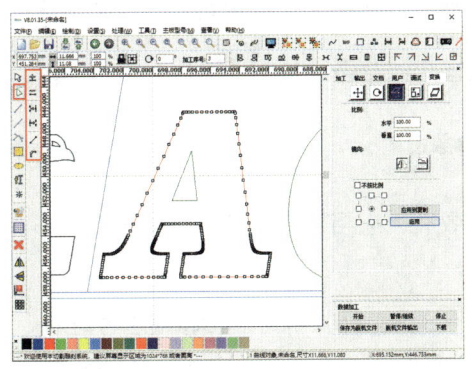

图 2-51　编辑曲线

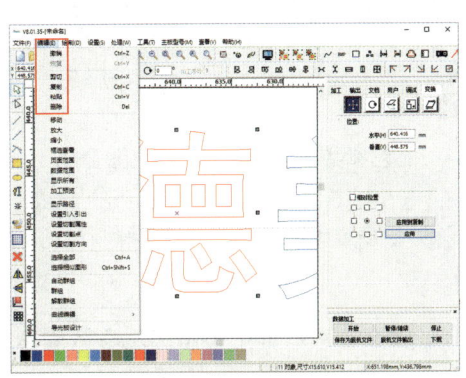

图 2-52　图形编辑

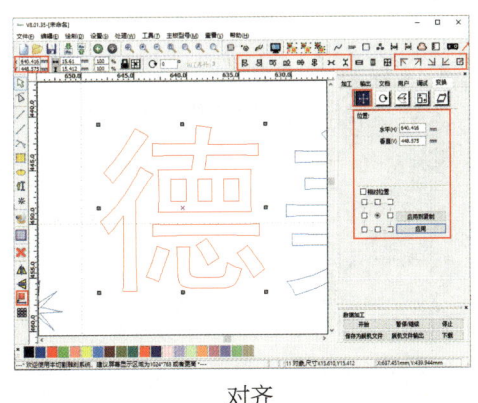

对齐

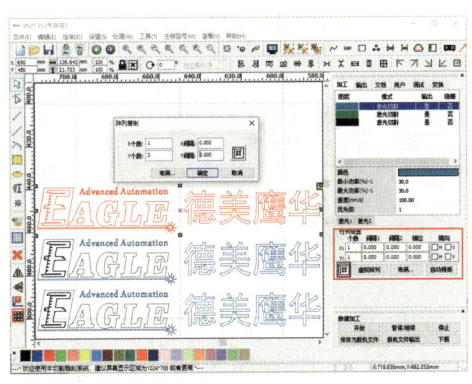

阵列复制

图 2-53　图形排版

（7）EagleWorks 工艺设置

分图层工艺设置：如图 2-54 所示，EagleWorks 支持分图层工艺设置，用户可以根据加工需要，将设计图形的各个部分设置为不同的颜色，对应不同的图层，并为每个图层设置单独的加工参数，可以使用不同的加工方式或加工参数。

图层列表：右侧功能区的加工栏中显示当前设计图形的图层列表，包含图层颜色、加工模式、是否输出和是否隐藏四栏信息。双击图层对应的是否输出选项，改变图层的输出设置；双击图层对应的是否隐藏选项，可隐藏或显示图层内容。双击图层颜色或加工模式，打开"图层参数"对话框。

图层参数—切割：如图 2-55 所示，在"图层参数"对话框中，设置"加工方式"为"激光切割"；设置"速度"；设置"最大功率"和"最小功率"。其他参数保持默认值或根据具体情况做调整。

图层参数—雕刻：如图 2-56 所示，在"图层参数"对话框中，设置"加工方式"为"激光扫描"；设置"速度"；设置"最大功率"和"最小功率"；设置"扫描间隔"，一般设置为 0.05mm；设置"扫描方式"为"水平双向"，设置为"水平单向"可提高扫描质量，但会同时降低效率。其他参数保持默认值或根据具体情况做调整。

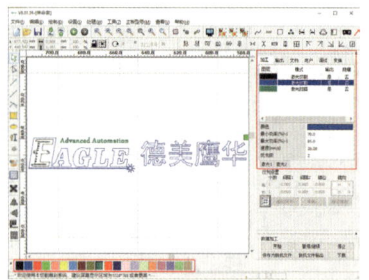 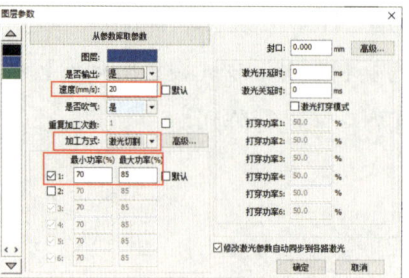 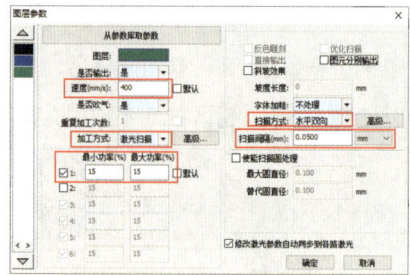

图 2-54　工艺参数设置　　　图 2-55　图层参数设置　　　图 2-56　雕刻参数设置

图层参数—参数库：针对每种材料调试好加工参数后，应当保存至软件参数库，后续使用时调取使用。

在"图层参数"对话框中单击"从参数库取参数"按钮，打开对话框，如图 2-57 所示。单击"另存当前参数"按钮保存当前参数；在参数列表中选择参数后，单击"载入参数"按钮载入选择的参数。

图层参数—快速设置：如图 2-58 所示，右侧功能区加工栏中，图层列表下方为参数快速设置栏，可以在此快速设置选中图层的加工参数。

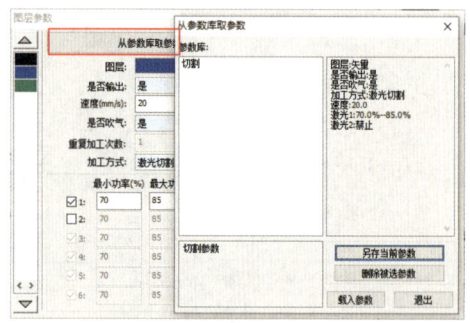 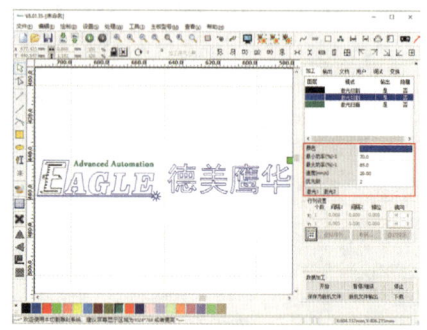

图 2-57　图层参数设置　　　　　图 2-58　图层参数—快速设置

（8）EagleWorks 加工预览

界面：单击"编辑 -> 加工预览"菜单项或系统工具栏上的"加工预览"按钮，打开"加工预览"界面，如图 2-59 所示。

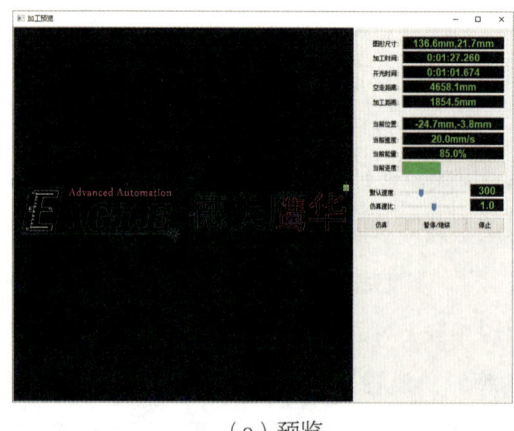 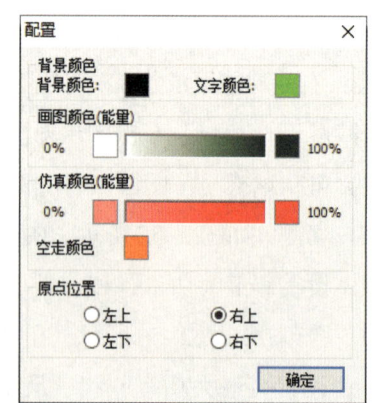

（a）预览　　　　　　　　　　　（b）预览设置

图 2-59　加工预览和设置

左侧黑色区域为图形显示区；右侧上方为加工统计信息，包括"加工时间、开光时间"和"加工距离"等；右侧中间为加工实时信息，包括"当前速度、当前能量"和"当前进度"等；"默认速度"和"仿真速比"可以调整仿真速度；"仿真、暂停/继续"和"停止"按钮控制仿真过程。

仿真显示：图形显示区中，图形按工艺设置中激光能量的高低显示为墨绿色至白色。仿真时，按激光能量的高低被覆盖为红色至粉色。

根据需要，在图形显示区单击右键，再单击"配置"进行修改，以获得最佳使用效果。

（9）EagleWorks 输出加工

输出加工前首先需要确认设备选择，然后根据设备的联机状态直接控制加工，或输出加工任务文件并在设备端脱机加工；路径优化功能会优化切割加工的顺序和效率，仅需要输出设计中的部分图形时，可使用输出选中图形功能。

确认设备：在加工控制栏设备端口列表中，确认当前设备选择是否正确。如果不正确，需修改选择。

值得注意的是，如果修改后的设备与当前设备的加工幅面不一致，则需要再次确认设计图形的编辑和排版，是否出现了超界或与预期不符的情况。如原有整版阵列在修改设备，绘图区变大后不再占满整版区域。

直接控制加工：如图 2-60 所示，当设备处于联机状态，则可以通过加工控制栏中的"开始、暂停/继续"和"停止"按钮直接控制加工，软件会实时将加工数据传输至设备进行加工。

加工前，可以使用"走边框"或"切边框"功能确认加工位置。切边框除了移动切割头表示加工位置外，还同时出光进行切割。

脱机加工：如果设备处于联机状态，则可以按下"下载"按钮将加工任务文件下载至设备内存中，再在设备端进行脱机加工（图 2-61）。如果设备处于脱机状态，则可以按下"保存为脱机文件"按钮保存加工任务文件，并使用 U 盘转存至设备内存，再在设备端进行脱机加工。

路径优化：路径优化功能会优化切割加工顺序，减少空走距离，优先切割内部轮廓，可以单击"编辑 –> 加工预览"菜单项或系统工具栏上的"加工预览"按钮模拟加工过程来进行确认。为了保证最优的加工顺序和效率，建议始终保持该选项处于选中状态。

输出选中图形：当仅需要输出一个复杂设计中的部分图形时，首先选中需要输出的图形对象，然后选中加工控制栏中的"输出选中图形"选项，再进行输出即可。一般情况下，以选中的图形对象进行定位，同时选中加工控制栏中的"选中图形定位"选项，在绘图区中可以看到绿色的加工参考点位置移动至选中图形对象外边框的指定点，如图 2-62 所示。

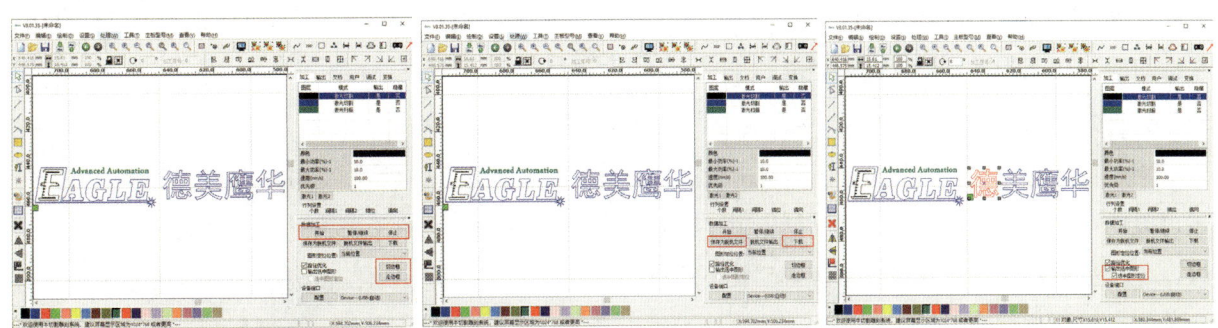

图 2-60　直接控制加工　　　　图 2-61　脱机加工　　　　图 2-62　输出选中图形

2.5.3 金属激光切割机操作

德美鹰华公司的 X-6060 光纤激光切割机的操作流程如下。

1. 金属激光切割机操作流程

（1）开机

a）启动主机

①检查所有电气连接和水冷机水路连接，并确认水冷机水位线位于绿色区域；②检查工作台面和运动系统部件上无杂物；③打开总开关；④打开钥匙开关；⑤打开总电开关；⑥打开伺服开关；⑦打开激光系统开关；⑧启动电脑；⑨启动 CypCut 软件；⑩运行系统复位。

在启动主机时应注意以下几点：

①注意观察运动系统部件有无异常移动，注意听有无异常噪音。若有，应立即关闭伺服系统开关，并排查故障；

②注意观察激光器和切割头的冷却水管路有无漏水情况。若有，应立即关闭激光系统开关，并排查故障；

③注意观察激光器的冷却水路的水温，过低和过高都会造成激光器报警，需要等待一段时间，待水温升高或降低到要求范围，激光器才能正常工作；

④软件启动后，若界面显示报警信息，则需要立即根据具体情况排查故障；

⑤按照软件提示进行运动系统复位，建立设备坐标系。否则，后续加工中可能出现运动系统部件超出加工区域范围，对部件造成损伤。

b）启动辅助气体

①检查气路连接；②打开气阀。

注意观察有无漏气情况和听有无异常噪音。若有，应立即关闭气阀，并排除故障。

c）启动排风机

①检查风管和电气连接；②启动风机。

注意听有无异常噪音。若有，应立即关闭风机，并排除故障。

（2）手持面板操作

X-6060 手持面板的设计和布局，如图 2-63 所示。按照面板界面的操作逻辑对面板按键进行分组，并按对应的功能和操作场景进行介绍。

a）移动激光头

用于移动激光头位置的按钮，在空闲状态下，可以使用方向键前后左右移动切割头至期望的位置，还可以使用 Z 轴上下键移动 Z 轴高低位置。在 CypCut 软件中可以分别设置慢速和快速移动速度，还可以设置步进移动距离。在按下快速键后按下上述方向键，可以快速移动，在按下步进键后按下上述方向键，可以步进移动。

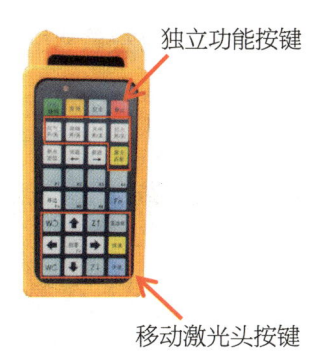

图 2-63 手持面板

图 2-64 焦点调节窗口

b）独立功能按键

吹气开/关是在空闲状态下，打开或关闭当前软件中指定的辅助气体；跟随开/关是在空闲状态下，打开或关闭随动功能，主要用于随动功能的测试；光闸开/关是在空闲状态下，打开或关闭激光器光闸；红光开/关是在空闲状态下，打开或关闭激光器红光；激光点射是在空闲状态下，进行激光点射，主要用于激光系统的测试和调整光路。

c）加工控制功能

走边框是在空闲状态下，预览任务的加工位置；空走是在空闲状态下，预览任务的实际加工路径；开始/继续、暂停和停止是用于加工过程控制；断点定位、回退和前进是加工暂停或加工意外停止时，按下断点定位键可以回到加工暂停或意外中断的位置，按下回退键按加工路径向后回退，按下前进键按加工路径向前前进，回退和前进一次的长度在 CypCut 软件中设置。

（3）加工任务准备

可通过其他图形软件，如 AutoCAD 等，准备好零件图形，保存成 dxf 格式文件，并导入 CypCut 软件中，后续操作将在软件介绍中说明。

（4）调节焦距

切割头的焦点位置调节窗口如图 2-64 所示。上方标尺窗口显示当前焦点位置，从靠近上沿的半透明标识处读取；下方调焦环可左右转动，左右两侧有调节趋势示意图，向左转使焦点位置升高，为正焦距，向右转使焦点位置下降，为负焦距。焦点位置调节可精确至 0.01mm，整数部分从上方标尺窗口读取，小数部分从下方调焦环上读取。

切割金属时的焦点位置与材料种类和厚度直接相关。切割不锈钢时，焦点位置应当接近材料下表面。例如，切割 1mm 不锈钢时，焦点位于 0mm；切割 3mm 不锈钢时，焦点位于 -2.0mm。切割碳钢时，焦点位置应当位于或高于材料表面。例如，切割 1mm 碳钢时，焦点位于 0mm；切割 5mm 碳钢时，焦点位于 +2.0-3.0mm。

（5）辅助气体的使用

X-6060 光纤切割机可同时接入一路高压氮气（空气）和一路低压氧气，在切割不同种类金属材料时方便切换。切换气体种类后，应当按下手持面板上的吹气按钮或单击 CypCut 软件右侧控制台中的吹气按钮来释放管路中残余的气体，以免影响加工起始处的切割质量。

设备使用完毕后或更换气瓶时，应关闭气瓶总阀，按照上述方法释放管路中残余的气体，避免管路长期处于高压状态，同时避免设备维护时造成人员意外伤害。

a）辅助气体为氧气

氧气辅助切割碳钢时，吹气压力由设备中的比例电磁阀控制，喷嘴处的压力通常控制在0.5MPa以下，氧气瓶的出口压力通常设置在0.8MPa即可。

通常，碳钢材料越厚，氧气压力越低。例如，切割1mm碳钢时，吹气压力设置在0.5MPa；切割5mm碳钢时，吹气压力设置在0.25MPa。

b）辅助气体为氮气

氮气辅助切割不锈钢、铝或铜时，吹气压力由外部压力控制，喷嘴处的压力通常控制在2.0MPa以下，且设备管路耐压也仅略高于2.0MPa，因此，外部氮气压力通常设置在2.0MPa即可。切勿设置过高的氮气压力，否则会损坏设备气体管路，发生危险。

通常，不锈钢材料越厚，氮气压力越高。例如，切割1mm不锈钢时，吹气压力设置在1.4MPa；切割3mm不锈钢时，吹气压力设置在1.8MPa。

（6）关机

①关闭排风机和辅助气体；②按一定顺序关闭设备主机；③使用手持面板或CypCut软件的开气功能释放管路中残留的辅助气体；④日常维护流程中涉及清理加工台面和切割头保养的一些流程，需要将切割头移动到合适的位置（可以根据实际情况进行选择）这时候完成清理和保养的工作，或关机后再进行；⑤关闭CypCut软件；⑥关闭电脑；⑦关闭激光系统开关；⑧关闭伺服系统开关；⑨关闭总电开关；⑩关闭钥匙开关；⑪关闭总开关。

（7）日常维护

a）清洁工作区域

①取出剩余加工材料；②清除台面上所有加工废料，并清除残留在设备上的金属粉尘；③检查加工台面上的支撑刀条，损伤严重的需要及时更换，否则会严重影响加工过程的稳定性和加工质量；④清除收料漏斗中所有加工废料。

b）检查和保养激光头

①取下切割头喷嘴，用硬毛刷机型清洁，若损伤严重则需要及时更换，否则会严重影响加工过程的稳定性和加工质量；②取出切割头下方保护镜片，检查是否有灰尘或切割熔渣粘在镜片表面，若有，应先使用空气球吹净，再使用棉棒蘸取医用酒精进行清洁。若仍无法清除，则需要及时更换。

2. 软件操作

介绍CypCut软件的基本操作流程，包括导入图形、预处理、工艺设置、刀路规划、加工前检查和加工控制；然后介绍准备工件的基本操作和注意事项，软件界面如图2-65所示。

（1）图形导入

在CypCut软件中单击文件->导入菜单项，弹出导入子菜单。CypCut软件支持常见的文件格式，如DXF和AI等。建议使用DXF文件格式，在CypCut软件中支持得较好。以导入DXF文件为例，单击导入 DXF 文件菜单项，打开导入文件对话框，选择要导入的文件，单击打开按钮完成导入（图 2-66）。

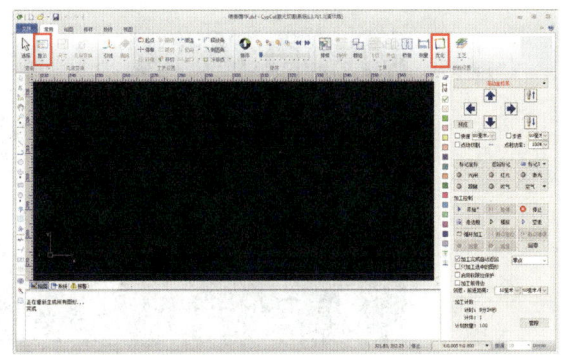

图 2-65　软件界面

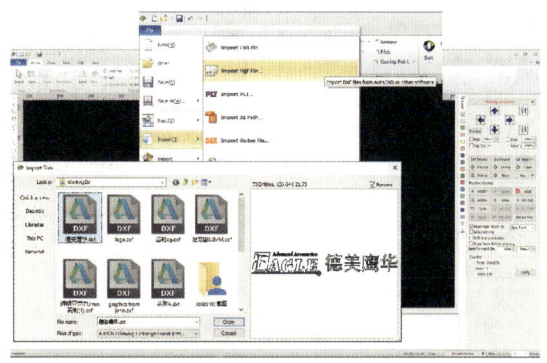

图 2-66　图形导入

（2）预处理

导入图形的同时，CypCut 软件会自动进行去除极小图形、去除重复线、合并相连线、自动平滑、排序和打散等操作，一般情况下无需进行其他处理就可以开始设置工艺参数。

单击常用菜单栏中的显示 -> 红色显示不封闭图形菜单项，如图 2-67 所示，可红色高亮显示不封闭图形，避免切割中发生错误。

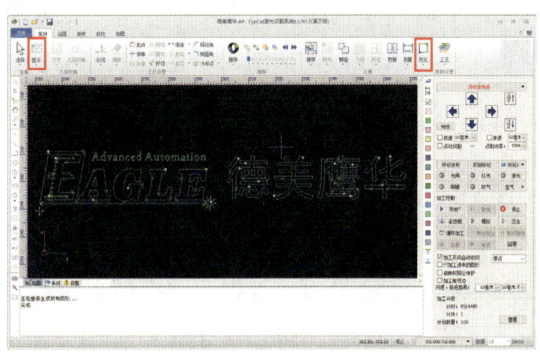

图 2-67　图形预处理

常用菜单栏中的优化子菜单还提供了一系列图形处理功能，例如曲线平滑、去除重复线、合并相连线等，帮助用户处理设计图形中常见的不适合金属切割工艺的问题。

（3）工艺设置

在这一步中可能会用到常用菜单栏下工艺设置一栏中的大部分功能，包括设置引入引出线、设置补偿等（图 2-68）。

单击右侧工具栏的工艺按钮，可以设置详细的切割工艺参数。图层参数设置对话框包含了几乎所有与切割效果有关的参数，如图 2-69 所示。

（4）路径规划

在这一步中根据需要对设计图形进行排序。单击常用或排样菜单栏下的排序按钮可以自动排序，单击排序按钮下方的小三角可以选择排序方式，可以控制是否允许自动排序过程改变图形的方向，以及是否自动区分内外模（图 2-70）。

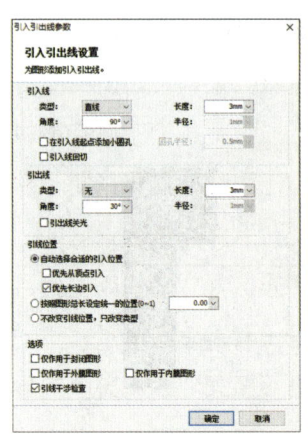
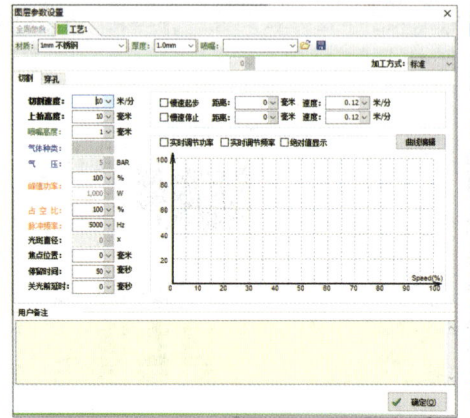
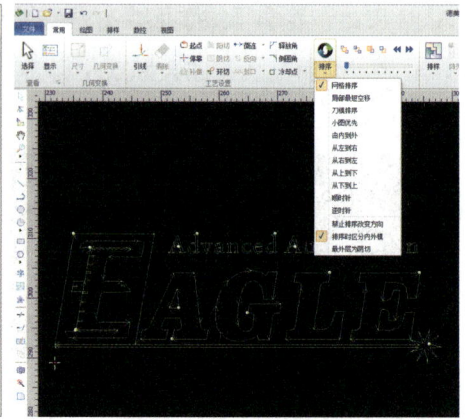

图2-68　引入引出线设置　　　图2-69　图层参数设置　　　图2-70　路径规划

如果自动排序不能满足要求，可以单击左侧工具栏上的手工排序按钮进入手工排序模式，以鼠标依次单击图形，就设定了加工次序。按住鼠标，从一个图向另一个图画一条线，就可以指定这两个图之间的次序。

（5）加工前检查

在实际切割之前，可以对加工轨迹进行检查。在常用菜单栏的排序一栏中，拖动交互式预览进度条，可以快速查看图形加工次序，单击交互式预览按钮，可以逐个查看图形加工次序。

单击右侧控制台上的模拟按钮，可以进行模拟加工，通过数控菜单栏上的模拟速度功能可以调节模拟加工的速度。

（6）加工控制

a）准备和放置工件

金属工件表面的油污或过多的灰尘都会对切割过程造成不良影响，准备工件时应当做相应的清洁。如果金属表面贴有保护膜，应当将其全部除去（可以在工艺设置中增加去膜工艺），专用于激光切割的保护膜除外。

将工件平放于工作台支撑刀条上，调整刀条的位置，使其平整且稳固。升起两侧的气动夹具，移动夹具贴合工件边缘，然后放下夹具夹紧工件，防止加工过程中工件在高压气体的作用下移动或抖动，影响切割质量。

b）定位和预览加工位置

默认情况下，CypCut软件中使用浮动坐标系，即切割头当前位置对应软件中设计图形的停靠点（该点与设计图形的相对位置关系可在CypCut软件中调整）。单击CypCut软件右侧控制台中的走边框按钮，或按下手持面板上的走边框按钮，可预览加工位置。如果加工位置超界，则CypCut软件会给出错误报警信息。批量加工时，可以在CypCut软件中使用工件坐标系来固定加工位置。

c）开始加工

完成加工前检查后，准备好待加工的工件，完成其他准备和调整工作，就可以开始实际加工了，点击软件中加工控制中的运行即可，如图2-71所示。

图 2-71 金属激光切割加工

2.5.4 激光切割实践项目

项目一 文化传承——剪纸艺术

1. 教学目标

（1）知识目标：认识和了解非金属激光切割机的工作原理和设备结构；要求学生掌握激光切割机常规操作及工艺参数对激光产品加工的影响和调试，理解激光切割机上采用的有关技术，掌握从事激光加工工艺的基本思想。

（2）能力目标：要求学生熟练掌握激光切割机安全操作规程操作的能力；熟练运用激光切割软件的能力；掌握激光切割工艺参数应用及调整的能力；判断切割制品的质量。

（3）素质目标：培养学生创新精神，培养学生责任与安全意识，养成良好的职业素养。

（4）项目目标：学会使用激光切割机设备进行纸张切割；了解剪纸艺术的设计原则；学会使用激光切割机剪纸艺术品。

2. 应用场景

剪纸艺术是我国传统艺术，在传统节日期间用于装饰家具或窗户，能够创造浓厚的节日氛围，现在已成为专门的一门艺术，可培养青少年的思维能力以及动手能力。随着设备的发展，使用激光切割技术，美丽的剪纸图案可快速加工出来。

3. 项目分析

准备好设计好的剪纸图案，使用彩色的纸张，固定装夹好纸张调好激光焦距，并调试好激光切割参数，快速切割加工。

4. 实践过程

（1）准备好切割剪纸图案，如图 2-72 所示，保存成 DXF 格式的矢量文件。并导入控制软件 EagleWorks 中，如图 2-73，调整图案尺寸大小为 150×150mm，再设置加工参数，功率设置为 30%，加工速度为 200mm/s，如图 2-74 所示。

  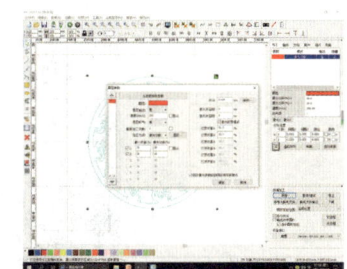

图 2-72　图形准备　　　　图 2-73　图形导入　　　　图 2-74　加工参数设置

（2）装夹好彩纸，将彩纸放置加工平台上（彩纸偏硬），若是纸张比较软，建议纸张粘贴在固定框上，四周用胶带粘住，将纸张放正（图 2-75）。

（3）调好焦距，使用焦距垫块调整好激光头焦距（图 2-76）。

（4）激光头初始位置定位，使用设备操作界面上的上下左右方向按钮移动激光头，使激光头射出的红色定位点移至纸张的右上角，保证加工区域在纸张上面（图 2-77）。并按下设备操作界面上的定位按钮。

（5）加工，关上设备上的盖板，然后在控制软件 EagleWorks 中点击开始，即可开始加工（图 2-78）。

图 2-75　彩纸装夹　　　　图 2-76　焦距调节

图 2-77　激光定位　　　　图 2-78　开始加工

5. 成品展示（图 2-79）

图 2-79　成品展示

6. 作品赏析（图 2-80）

图 2-80　作品赏析

项目二　手机支架设计与制作

1. 教学目标

（1）知识目标：认识和了解非金属激光切割机的工作原理和设备结构；要求学生掌握非金属激光切割机常规操作及工艺参数对产品加工的影响和调试，理解非金属激光切割机上采用的有关技术，掌握从事非金属激光加工工艺的基本思想。

（2）能力目标：要求学生熟练掌握非金属激光切割机安全操作规程操作的能力；熟练运用非金属激光切割软件的能力；掌握非金属激光切割工艺参数应用及调整的能力；判断切割制品的质量。

（3）素质目标：培养学生创新精神，培养学生责任与安全意识，养成良好的职业素养。

（4）项目目标：学会使用非金属激光切割机设备进行椴木板切割；掌握手机支架的设计原则。

2. 应用场景

现在几乎每个人都有手机，大家在使用手机时，尤其是在长时间使用手机观看视频，或者视频通话时，手拿手机时间久了会导致手腕酸疼，此时手机支架显得尤为重要。市场上手机支架款式也各式各样，但我们可以通过设计并激光加工零件组装自己的手机支架。

3. 项目分析

设计好手机支架零件，采用 3mm 椴木板进行激光切割，设计时除了需要测量手机自身的尺寸外，还需要考虑零件装配尺寸，以及激光加工的尺寸误差。同时也需要考虑 3mm 椴木板的尺寸误差。

4. 实践过程

（1）手机支架图纸设计，图纸如图 2-81 所示。

（2）图纸导入加工软件 EagleWorks 中（图 2-82a），并排版好零件图纸，设置好图形图层，将描线的设置成红色图层，切割的设置成黑色图层（图 2-82b），并设置红色加工工艺参数，功率为 12%，速度为 100mm/s（图 2-82c），黑色图层工艺参数，功率为 60%，速度为 45mm/s（图 2-82d）。

图 2-81 手机支架图

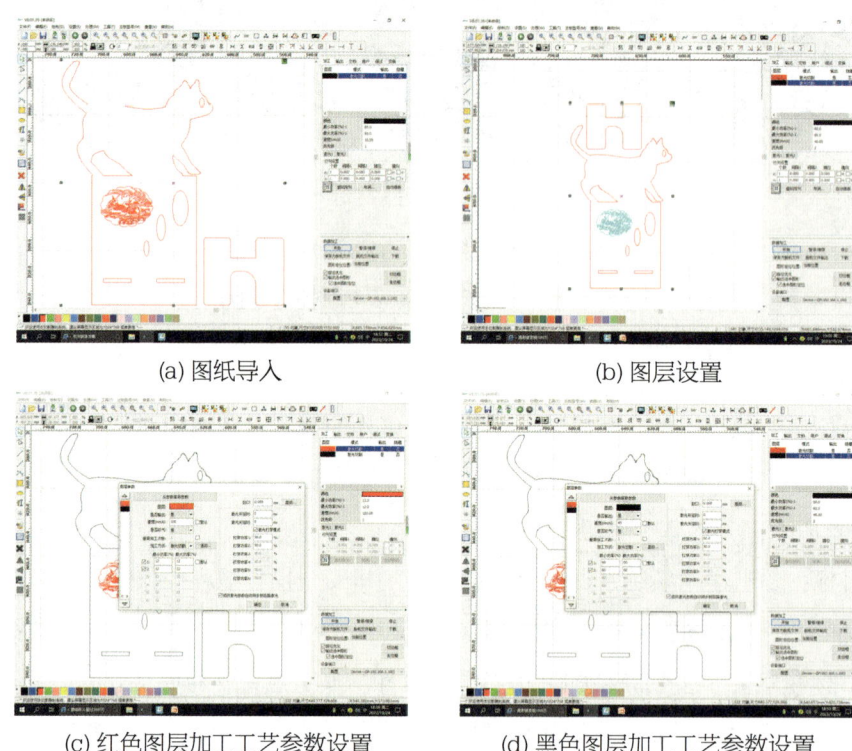

(a) 图纸导入　　　　　　　　　　(b) 图层设置

(c) 红色图层加工工艺参数设置　　　(d) 黑色图层加工工艺参数设置

图 2-82 图形软件准备

（3）放置木板，保持木板放正（图 2-83a），使用焦距垫块调节好激光头焦距（图 2-83b）。

（4）定位，将激光头移动到木板右上角（图 2-84a），并按下设备操作按钮上的定位按钮（图 2-84b）。

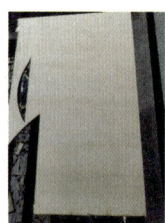   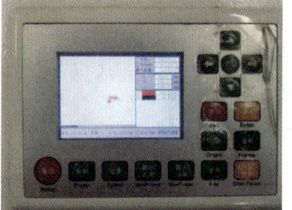

(a) 放置木板　　(b) 焦距调节　　(a) 激光头位置定位　　(b) 点击定位按钮

图 2-83 木板准备　　　　　　图 2-84 定位

（5）加工，关上设备盖门，在加工软件中点击开始，即可加工（图 2-85），等待加工结束。

图 2-85　加工

5. 成品展示（图 2-86）

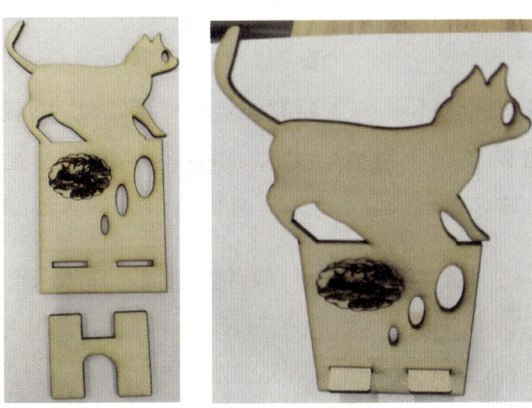

图 2-86　加工成品

6. 作品赏析（图 2-87）

图 2-87　作品赏析

项目三 钥匙挂坠设计及加工

1. 教学目标

（1）知识目标：认识和了解金属激光切割机的工作原理和设备结构；要求学生掌握金属激光切割机常规操作及工艺参数对激光产品加工的影响和调试，理解金属激光切割机上采用的有关技术，掌握从事金属激光加工工艺的基本思想。

（2）能力目标：要求学生熟练掌握金属激光切割机安全操作规程操作的能力；熟练运用金属激光切割软件的能力；掌握金属激光切割工艺参数应用及调整的能力；判断切割制品的质量。

（3）素质目标：培养学生创新精神，培养学生责任与安全意识，养成良好的职业素养。

（4）项目目标：学会使用激光切割机设备进行不锈钢板切割；会用金属激光切割机加工钥匙挂坠。

2. 应用场景

钥匙挂坠具有一定的美观性，可以切割一些卡通外形，并且可以在上面进行激光打标一些图案；同时钥匙挂件可具有一定的功能，如可作为瓶起子使用。

3. 项目分析

使用2mm不锈钢板切割出钥匙挂坠，除了具有一定的外形要求，还必须有串钥匙挂环的孔。作为钥匙挂环使用，不能有比较锋利的尖角，尺寸大小不宜过大，本项目要求尺寸不超过40×40mm。

4. 实践过程

（1）图纸准备，使用AutoCAD或Lasermaker等软件绘制钥匙挂坠图形，总体尺寸控制在40×40mm范围之内，然后保存成DXF格式文件，具体钥匙坠如图2-88所示。图形绘制时应注意，图形应避免尖角，外尖角容易伤人，内尖角后处理比较困难。

图2-88 钥匙坠图形

（2）图形导入

在软件文件中选择导入DXF格式文件，选择已准备好的加工图形，导入软件中，如图2-89所示，然后进行预处理，在软件中选择显示，点击显示加工序号，然后点击引线命令，弹出窗口如图2-90。默认参数设置，点击确定，检查引线是否有干涉或方向相反的情况，若有需要通过更改起点和阴切（或阳切）手动进行调节设置。

（3）材料准备，使用2mm镜面不锈钢板，将不锈钢板放置在工作平台上，并将导条调好位置，如图2-91所示。

（4）调节焦距

根据厂家提供的建议参数，调节焦距，对于2mm不锈钢板的切割，焦距为–3mm。将调节旋钮往右拨动，如图2-92所示。

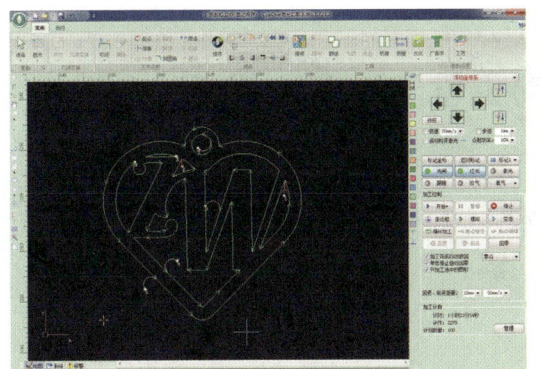

图2-89　图形导入

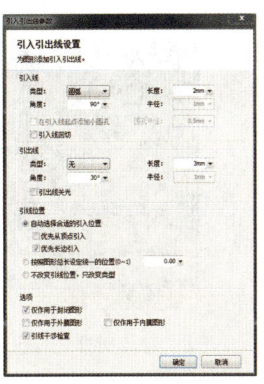

图2-90　引线设置

图2-91　材料准备

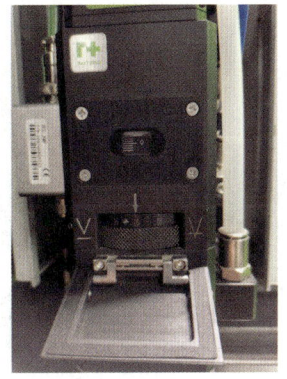

图2-92　焦距调节

（5）工艺参数设置

点击软件右侧的工艺，弹出图层参数设置窗口，点击从文件中读取，选择厂家提供的工艺参数中2mm不锈钢板的数据文件（图2-93）。

（6）定位，并开启氮气

通过手持面板移动激光头，根据激光头发出的红光进行定位，将其移动到材料的左下角位置（图2-94）。然后开启氮气。

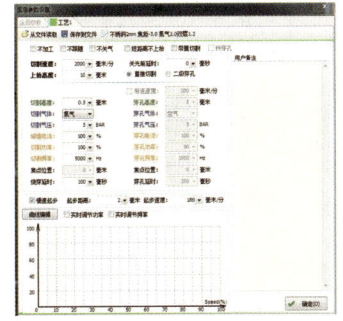

图2-93　工艺参数设置

图2-94　定位

（7）加工

将设备门关上，再点击软件或手持面板中的运行，开始加工（图2-95）。

5. 成品展示（图2-96）

图2-95　加工

图2-96　加工结果

6. 作品赏析（图2-97）

图2-97　学生作品赏析

第三章　激光打标技术与实践

介绍激光打标的设备结构和工作原理、操作流程和教学实践案例，使学生能够独立开展激光打标实践，加强学生对激光打标技术的理解。

任务一：掌握激光打标机的系统构成和工作原理、振镜系统的组成和工作原理；

任务二：掌握打标软件，对所要标记的内容进行绘图或导入图片；

任务三：掌握激光打标机的操作流程和防护措施；

任务四：激光打标教学综合实践案例。

将需要加工的工件放在高功率密度的聚焦激光束下进行局部照射，会使被加工表面材料发生气化或改变表面颜色的化学反应，从而在被工件表面留下永久性文字、图案、刻痕等标记的一种打标方法称为激光打标。

3.1 激光打标机理及特点

3.1.1 激光打标机的工作原理

激光打标机利用平面镜来改变激光束的传播方向，通过控制振镜的偏转角度，而改变激光光路的方向，一般将振镜安装在可转动的电机上，通过计算机程序控制电机的转动来改变振镜的偏转度，从而控制激光的偏转方向。在平面打标中，将两个振镜相互垂直正交放置，使得这两个振镜可以分别沿 X 轴方向和 Y 轴方向进行扫描，如图 3-1 所示。当振镜的偏转值小于一定范围时，在目标平面上任何一点的坐标，都将由 X 轴方向和 Y 轴方向的两块振镜的偏转位置唯一确定。通过改变两个振镜的偏转角，激光能够按照预设的轨迹运动，在目标工件上留下预想轨迹。由于振镜偏转角度很小，因此其偏转角与坐标点之间的映射可以认为是成比例的。振镜的偏转角由计算机驱动电机进行控制，与电机输出的电压成正比，因此在偏转角度较小的情况下坐标点的位置与电机输出的电压成正比。在进行打标时，只需控制驱动 X 振镜与 Y 振镜的电机所输出的电压，即可实现对目标工件的标刻。

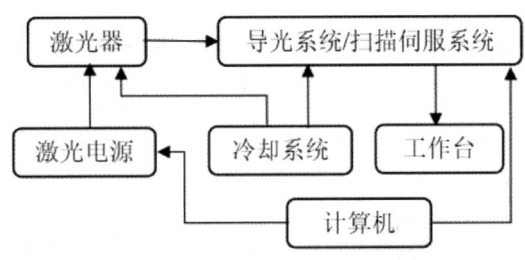

图 3-1　激光打标机工作原理图

当激光照射到材料表面后，可通过激光产生的热量不同或对材料产生的反应不同，从而实现被加工处与未加工处产生视觉差的效果而被标记，所以激光打标的原理有"热加工"和"冷加工"两种。热加工是指具有较高的激光束，照射在被加工材料表面上，材料表面吸收激光能量，在照射区域内产生热激发过程，从而使材料表面（或涂层）温度上升，产生变态、熔融、烧蚀、蒸发等现象。冷加工是具有高负荷能量的（紫外）光子，能够打断材料（特别是有机材料）或周围介质内的化学键，使材料发生非热过程破坏。这种冷加工在激光标记加工中具有特殊的意义，因为它不是热烧蚀，而是不产生热损伤副作用的、打断化学键的冷剥离，因而对被加工表面的里层和附近区域不产生加热或热变形等作用。激光与材料产生不同反应具体有退火、雕刻、颜色改变、泡沫化、切除等情况。

对于某些金属，退火的激光标记是将金属加工至其熔点以下温度，导致标记部位的颜色强于或者弱于材料本身，常见的加工温度在200℃左右。

对于某些金属、陶瓷及塑料，由于激光束的强度足够高，能使加工部位在瞬间汽化，这样就起到了雕刻的效果。但由于在加工过程中材料和空气中的氧的化学反应，一般会发生加工部位的材料氧化，使标记部位的颜色更加清晰。

颜色改变加工工艺主要用在塑料工件上。激光束的能量主要作用在单独的分子上，例如色素上，然后破坏或者改变其结构。对于不同材料，应选取合适的激光器。由于材料吸收的激光能量刚好为其能量阈值，加工部位的颜色得到改变或被漂白，而没有被激光照射到的部位依然保持原有颜色。

泡沫化加工工艺只能在某些塑料上能得以实现。激光束照射到塑料表面，熔化标记部位的塑料，并产生小的气泡，同时这些气泡带来标记部位颜色的改变。

切除加工工艺主要是采用激光切除材料表面的镀层，如氧黑过的铝件、涂过油漆的金属件、透光的键盘和激光标签纸等。激光只是与镀层发生作用，并切除镀层，但并不破坏基材。利用这种工艺，通过激光参数的调节还可以对多个镀层进行切除而使工件呈现不同的颜色。

3.1.2 激光打标的特点

激光打标技术是激光加工中的重要组成部分，是目前激光加工领域应用最广泛、最成熟的一项技术。所以激光打标具备激光加工的独特优点，如无接触式加工和高效率低成本。

此外激光所具有高能量密度、方向性强、单色性好、相干性好、空间控制和时间控制性好等优越性能，使得激光可以获得超短脉冲和小尺寸的光斑，这样的聚焦光斑可以产生极高的能量密度，可以用于多种材料的加工。尤其是将激光标刻技术应用到自动化加工生产中，由于该技术对于被加工工件的外形和外界环境要求都比较低，所以得到广泛应用。激光打标是非接触加工，可以在任何异型表面标刻，物体不会变形，也不会产生内应力。目前，在打标印刷行业中，激光打标凭借其以下优势已占有90%以上的市场。对于激光打标技术的优点，如下进行详细描述：

（1）激光标刻技术属于无接触加工技术。激光标刻是利用激光束进行加工，激光束不会直接接触加工工件，而是利用聚焦光斑产生的能量，在工件上进行加工，这样可以避免传统加工中，加工工具直接接触工件所造成的机械变形，另外还可实现一些常规机械加工无法实现的加工工艺，例如精密机械的标刻、难加工曲面的标刻等等。可在任何规则或不规则表面打印标记，且打标后工件不会产生内应力，工件的尺寸和形状精度容易保证。激光标记是激光束照射工件表面而留下的印记，无外力作用于材质表面，因而无需担心材质在标记时被破坏或变形。

（2）加工质量好，加工精度高。激光标刻系统采用的标刻光源具有很高的能量密度，且激光标刻速度快，这样在工件表面加工时间缩短，减少工件的热变形和机械变形，提高加工精度，保证加工质量。激光打标的点直径可达 0.02mm，最小打标字符 0.5mm。

（3）加工效率高。激光标刻技术同传统的标刻技术相比，加工效率得到了几十倍、几百倍甚至上千倍的提高，计算机控制下的激光光束可以高速移动（速度达 5~7m/s，甚至达到 9m/s），通常的打标过程均可以在数秒内完成。激光技术和计算机技术结合，只需在计算机控制软件上编辑好即可实现激光打印输出，并可随时变换打印设计，从根本上替换了传统的模具制作过程，为缩短产品升级换代周期和柔性生产提供了便利工具。激光束在计算机控制下可以高速移动，通过分光技术，还可以实现多工位同时加工；可以与高速流水生产线灵活配合。

（4）材料利用率高。激光标刻在材料利用上，相比于其他的标刻方式，可节省材料 10%~30%，同时激光标刻设备的成本也会降低，同时其维护成本低，这样间接地节省了成本，以达到产品合格率高、产量大，创造了较高的经济效益。

（5）长久性。不会因环境关系（触摸、酸性及碱性气体、高温、低温等）而消退。激光标记的原理是激光照射工件表面材质，而使材料本身局部发生物理或化学反应而产生印记。除非材质本身被破坏，激光标记不会被磨损；激光标记具有抗磨损、不褪色的优点，标记清晰、持久、永不磨灭。

（6）防伪性。不轻易仿制和更改，具有很强的防伪性。

（7）适用范围广。激光打标可以在钢铁、铝、铜、金、银等不同金属与合金的表面及陶瓷、玻璃、塑料、橡胶、木材等各种非金属的表面刻下永久标记。

（8）标记灵活。由于激光和计算机技术的结合，用户只要在计算机上编程，即可实现激光打标输出，并可随时变换打标设计，从根本上替代传统的模具制作过程，为缩短产品升级换代周期及柔性生产提供了有力工具。

（9）无污染，无噪音，无耗材，节省能源。与传统的机械雕刻、化学腐蚀、丝网印刷、油墨打印等方式相比，激光打标机技术具有标记牢固、无三废物质排放、高环保等突出特点，具有其无与伦比的优势。

（10）维护成本低。激光打标是非接触式打标，不受通常模具打标的疲劳使用寿命的限制，在批量加工使用中的维护成本极低。

（11）操作简单。使用微机数控技术能实现自动化加工，能用于生产线，对零部件进行高速度、高效率的加工，能作为柔性加工系统中的一部分。

（12）使用精密工作台能进行精细微加工，使用显微系统或摄像系统，能对被加工表面状况进行观察或监控。

（13）可穿过透光物质（如石英、玻璃），对其内部零部件进行加工。

（14）可以利用棱镜、反射镜系统、光纤系统或波导管系统将光束聚集到工件的内表面或倾斜表面上进行加工。

3.2 激光打标机结构及分类

3.2.1 激光打标机

激光标刻系统的结构组成包括软件和硬件两部分，软件部分主要是软件 Ezcad2，软件部分的作用是编辑加工内容，将加工指令进行数据转换，用于驱动硬件部分。硬件部分包括光学系统、机械系统和运动系统，硬件部分的作用是执行软件部分发出的指令，属于执行部分，接收软件发出的信号将其传递到相应部件。光学控制部分的作用是控制激光按所给定的加工要求进行加工，并对激光的开光和功率的调节进行控制。这两个部分是激光标刻系统最重要的两部分，且缺一不可。图 3-2 中为系统组成结构简图。

激光打标机主要由电源系统、冷却系统、激光器、计算机控制系统、光学扫描系统及工作台等组成（图 3-3）。

扫描式激光打标机主要由激光器、激光电源、冷却系统、导光系统、扫描伺服系统、计算机及软件等几部分组成。

激光打标的振镜扫描系统是由光学扫描器和伺服控制两部分组成，分为 X 方向扫描系统和 Y 方向扫描系统，每个伺服电机轴上固定着激光反射镜片，通过计算机专用的打标控制软件依据设定好的图形、文字等控制激光的扫描轨迹。系统原理如图 3-4 所示。

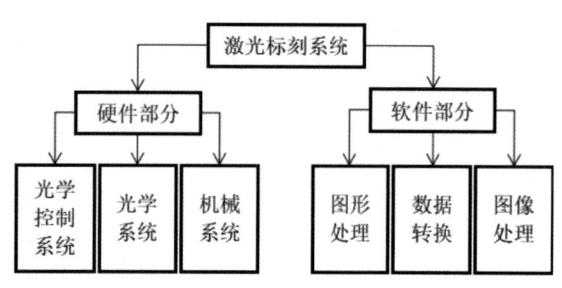
图 3-2 激光打标系统组成结构

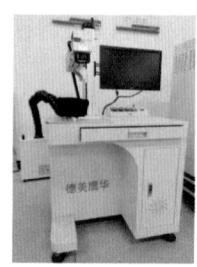
图 3-3 激光打标机　　图 3-4 振镜扫描系统

3.2.2 激光标刻系统的组成

激光标刻系统的功能尽管存在差异，但系统的结构组成大致相同。系统的组成部分包括激光器、控制软件、光路系统设备和打标控制设备四部分。各组成部分的功能分工明确，激光器是加工工具；光路系统设备是定位设备；打标控制设备是核心，协调激光器和光路控制设备，控制着系统的打标效果和效率。

1. 硬件结构系统组成

（1）激光电源

光纤激光打标机的电源是为激光器提供动力的装置，其输入电压为 AC220V，安装在打标机控制盒内。电源系统则主要是由计算机电源、激光电源、扫描电源、Q 电源、泵电源等组成。

激光电源由主电路、控制电路组成,其中有水压保护和温度保护系统。水压保护和温度保护是防止断水时、水冷却不够而自动切断主电路供电,从而保护激光器(图3-5)。其中激光功率输出由 IGBT 通断决定,调节 IGBT 的占空比使电流在 7~25A 范围内进行调节,YAG 晶体在氪灯发出的强光激发下,谐振腔产生光振动并沿轴线的方向产生激光,通过控制氪灯电流的大小即可控制激光输出功率的大小。

(2)光纤激光器

采用进口脉冲式光纤激光器,其输出激光模式好、寿命长,被设计安装于打标机机壳内。

Nd:YAG 为掺铷钇铝石榴石晶体,晶体内的 Nd 原子含量为 0.6%~1.1%,属固体激光,可激发脉冲激光或连续式激光,发射的激光为红外线波长 1.064μm。激光生成原理,如图3-6所示,将激光晶体放在两个互相平行的反射镜(其中一片100%反射,另一片50%透射镜)中间,即可构成光学谐振腔。在光学谐振腔内,非轴向传播的单色光谱被排出谐振腔外,轴向传播的单色光谱在腔内往返传播。当单色光谱在激光物质中往返传播时,称为谐振腔内"自激振荡"。当泵浦灯提供足够的高能级的原子在激光物质内,具有高能级的原子在两能级间存在着自发发射跃迁、受激发射跃迁和受激吸收跃迁等三种过程。受激发射跃迁所产生的受激发射光,与入射光具有相同的频率和相位。当光重复在谐振腔内通过"粒子数反转状态"的激活物质后,相同频率单色光谱的光强被增大生成了激光,激光高渗透率就能透过谐振腔内50%的透射镜发射出来,成为连续式激光。

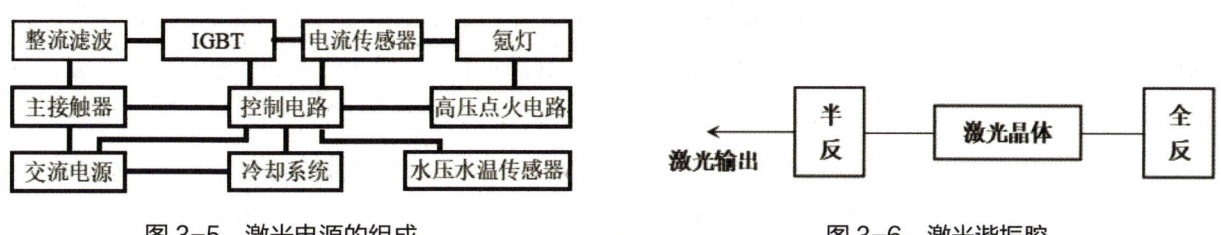

图3-5 激光电源的组成　　　　　　图3-6 激光谐振腔

(3)振镜扫描系统

光纤激光打标机采用振镜扫描式打标,即将激光束入射到两个反射镜上,利用计算机控制扫描电机,从而带动反射镜分别沿 X、Y 轴转动,聚焦系统将平行光束聚焦于一点,采用 f-θ 透镜,激光束聚焦后落到工件上,从而形成了激光标记的痕迹。其工作原理如图3-7所示。

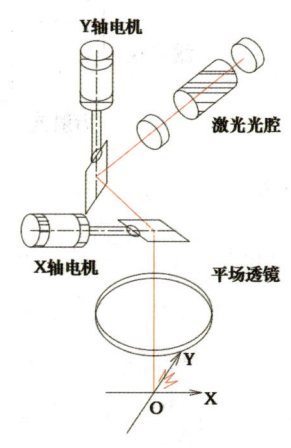

图3-7 振镜扫描系统原理

数控光学扫描系统（图3-8）由计算机、I/O接口卡、振镜电源、振镜电机、反射镜组成，分为X、Y两方向扫描系统，分别由计算机通过专用的打标控制软件按设计的图形、文字等控制激光的扫描轨迹。

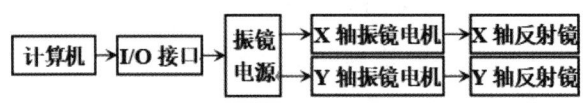

图3-8 扫描系统组成

（4）激光输出的调制

激光输出的调制是通过在光学反馈路径上交替地开启和阻断光路来形成激光脉冲的一种设备。它由对激光束透明的材料（如水晶等）制成，侧面粘合了一个压电声学换能器，在该换能器上加有射频信号，被调制为1至50kHz。没有电信号时，光束可直接通过声光Q开关，被后反射镜反射后通过声光Q开关又回到晶体，Q开关不起作用；当有信号加在换能器上时，换能器将产生声波，声波作用在水晶上而压迫水晶，其折射率变化，激光在通过Q开关时将被折射而偏离后反射镜。由于用于受激发射的光反馈消失了，激光产生的过程也就中断了（图3-9）。

声光Q开关是利用声光相互作用以控制光腔损耗的Q开关技术。声光调Q是通过电声转换形成超声波使调制介质折射率发生周期性变化，对入射光起衍射作用，使之发生衍射损耗，Q值下降，激光振荡不能形成。在光泵激励下其上能级反转粒子数不断积累并达到饱和值，之后突然撤除超声场，衍射效应立即消失，腔内Q值猛增，激光振荡迅速恢复，其能量以巨脉冲形式输出。这种Q开关方式应用广泛，性能可靠稳定。

典型的Q开关主要由电声转换器、声光介质和吸声材料三部分组成（图3-10）。当电声换能器加上高频电压后，馈入声光材料的超声波使声光材料的折射率发生了周期性的变化，相对于声波方向传播的激光来说形成一个相位光栅。光波在超声场中发生衍射，改变了其原来的传播方向，形成了声光衍射。声光调Q的原理简述如下：当声光介质中有高频（40MHz）超声行波传播时，由于布拉格衍射，入射光的一部分偏离到布拉格角Id的方向。

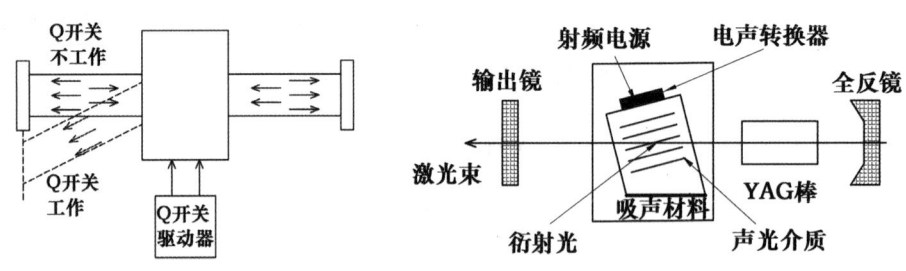

图3-9 声光Q开关工作原理　　图3-10 Q开关组成

偏角θ_B由布拉格公式决定：$2\lambda_s \sin\theta_B = \lambda_0/n = \lambda$。如果衍射光Id占的百分比足够大，则可能使光腔的总损耗大于小讯号增益。此时，振荡停止，激活介质（YAG棒）借助光泵浦积累粒子数的反转。在某一个时刻去掉超声波，则由于激活介质有很高的储能，并产生强的声光调Q脉冲。用特定频率的脉冲调制这个射频的频率，使声光介质中产生有频率重复相同的超声场，从而得到以特定频率工作的Q开关激光器将输出幅值很高的特定频率激光脉冲。

（5）计算机控制系统

计算机控制系统控制整个激光打标机，通过对声光调制系统、振镜扫描系统的协调控制完成对工件打标处理，其主要由机箱、主板、CPU、硬盘、内存条、D/A 卡、软驱、显示器、键盘、鼠标等组成。

2. 软件系统

打标软件一般运行于 WIN98/ME 系统或 WINXP/2000 系统中，与 CAD/CAM 软件类似，通常包括如下几种功能：①支持 PLT、BMP 等数据格式文件、支持用户绘画功能，如圆、方、直线、手绘线等；②支持 SHX 字体、TTF 字体、用户自定义字体的编辑、修改、跳号；③支持打散、组合功能，可方便实现图形的局部修改；④支持任意操作如图形的拉伸、移动、复制、删除、替换、镜像等功能；⑤支持软件调节电流、调节脉冲频率、脉冲占空比的功能；⑥支持脉冲输出方式与连续输出方式。另外，还有一些高级功能，如支持图形的颜色分层；支持层参数集保存及图形数据、系统数据的保存、图形局部颜色更改的功能。

目前常见的打标图像处理系统中的扫描方式包括来回扫描法、轮廓扫描、逐块扫描、组合扫描等，均遵循从上至下，从左至右的方式。来回扫描法是聚光头在被刻材料的表面从上到下一行行地扫描，但由于激光开关动作频繁，使得刻画速度和质量难以达到十分理想的地步。轮廓扫描是激光在被刻材料上刻出一块图像的轮廓，再继续扫描剩余部分的轮廓，直至这一块被全部描绘完为止，其减少了激光开关的动作次数，因此打标速度提高了很多，但由于聚光头走向不一致，图像纹路显得凌乱。逐块扫描法是来回扫描法的改进方法，当扫描到某一块时，将聚光头移至该块并出光，再来回在该块内标刻，标刻完毕关掉激光，然后再寻找没被处理的块，直到所有的块均扫描完成为止，虽然每块内纹路都整齐，但每块左、右边缘有锯齿状。组合法扫描是将轮廓扫描法和逐块扫描法结合在一起的一种方法，以其标刻的图案纹理整齐、边缘光滑的特点而优于其他扫描法。

打标过程中会出现边缘锯齿、失真及干涉现象，国内一些学者已对此有深入研究，从软件、硬件方面提出了一些有效的解决办法，如从激光电源的快速响应、用轮廓扩张法加以补偿等。打标系统与数控系统有着本质的联系，其区别在于用激光取代了刀具，所以可以将数控系统的控制思想及算法应用于激光打标中，如译码算法、插补算法等。

（1）打标机系统软件的整体结构

如图 3-11 所示，激光打标系统的软件按照功能划分为 4 大部分，图形处理模块、矢量字体处理模块、数据编译模块和数据传输模块，其中箭头表示数据流方向。

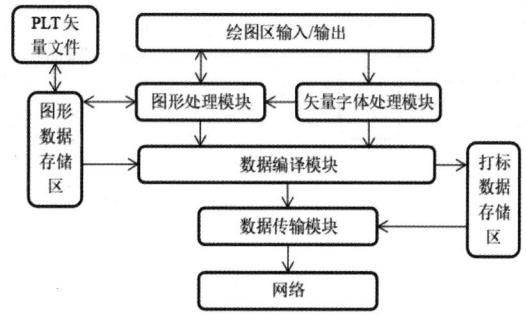

图 3-11 软件的组成结构

绘图区是操作人员和PC机交互的主要场所。当操作人员在绘图区进行图形绘制或将PLT文件导入应用程序时，应用程序将绘制出的图形存储进图形数据存储区。当操作人员在绘图区输入文字时，应用程序将会通过矢量字体处理模块，将输入的文字转换成矢量图形信息，存储到图形数据存储中。当操作人员在绘图区进行已有图形的选择和图形变换时，应用程序将对图形数据存储区的相应数据进行修改。

当操作人员修改好所绘制的图形之后，可以使用软件提供的数据编译功能对图形数据进行转换，此时应用程序将采用数据编译模块将对已存储的图形数据进行处理，将它们转换成激光打标机所需打标数据，并存储在打标数据存储区。当操作人员需要激光打标机打印图形时，数据传输模块会将打标数据存储区的打标数据用以太网发送给下位机，下位机再根据这些数据驱动激光中的振镜打印出图形。

（2）打标系统结构

a）图形处理模块

图形处理模块主要实现操作者所绘制图形的信息记录、图形信息的PLT矢量化、图形的选择和变换以及PLT矢量文件的导入导出功能。

如图3-12所示，当绘图区有图形绘制的时候，图形处理模块会记录下所绘图形的类型和数据放入图元(存储图形信息的类)中，然后将这些图元存入专门为图形信息开辟的内存区中。当绘图区需要选择图形时，该模块将遍历图形信息存储区的数据，并将其按对象分类存储。当选择图形后，在绘图区进行图形变换的操作，该模块会在后台对所选对象的数据进行处理。PLT文件的导入和导出是通过菜单命令实现的，其数据也会先存储于图形数据存储区。

b）矢量字体处理模块

矢量字体处理模块的结构比较简单，主要功能是将字符串转换成图形信息，为文字信息的输出和图形变换提供基础支持。

如图3-13所示，在绘图区输入文字时，矢量字体模块会在矢量字库中逐一查找接收到的字符串，找到其对应的矢量字形信息，将这些矢量字形信息存储在图形信息存储区。当操作人员需要预览矢量文字的效果时，模块会将之前存储在图形信息存储区矢量文字的信息显示在绘图区上。

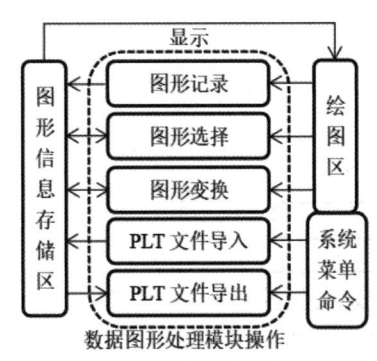

图3-12 图形处理模块结构

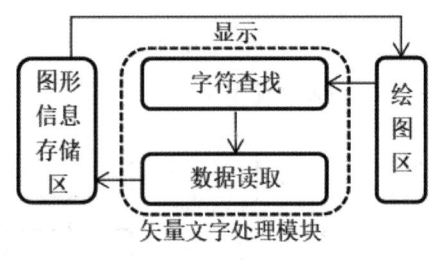

图3-13 矢量字体处理模块结构

c）数据编译模块

数据编译模块功能单一，只负责将矢量图形数据转换成下位机所需要的打标数据，如图3-14所示。

在绘图区完成图形绘制之后，可选择编译命令生成绘图区图形的打标数据文件。应用程序会调用数据编译模块，将图形存储区中对应的绘图区图形的矢量化数据读出，通过直线插补算法得到该图形的打标数据，将其存放到打标数据存储区，同时生成打标数据文件输出。

d）数据传输模块

数据传输模块主要负责上位机软件和下位机控制卡之间的通信，其采用以太网传输数据，主要由连接部分、数据收发送部分和数据接收部分构成。

如图3-15所示，当上位机需要向下位机传输打标数据时，应用程序会调用数据传输模块。首先与下位机进行连接，建立一条数据通路，然后从打标数据存储区读取待发送的数据并向下位机传输，与此同时还要接收来自下位机收到数据的应答，如应答正确则继续传输数据，否则进行传输信息丢失的处理。

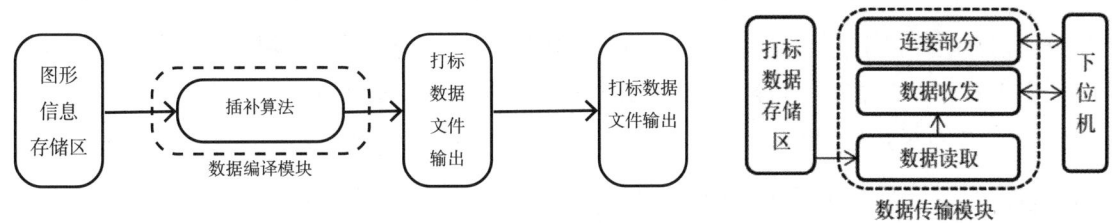

图3-14　数据编译模块结构　　　　　　图3-15　数据传输模块结构

3. 激光打标机的分类

激光打标机，按激光器使用的光源不同可分为 CO_2、YAG、准分子和大功率半导体、半导体泵浦固体激光器（DPSS）及光纤激光打标机等几种类型；按工作方式可分为掩模式（也叫投影式激光打标法）、扫描式（也叫振镜式激光打标法）和点阵式激光打标三大类，其中扫描式又可分为机械扫描式及光学扫描（振镜）两种形式。

目前常见的有 CO_2 和 Dd：YAG 激光器。随着技术的发展，新型激光源将更广泛地用于激光标刻系统中，从而促进激光标刻向轻型化、小型化方向发展。上述几种类型的打标机各有其特点，对比如下。

（1）CO_2 激光器。其产生的激光波长为 10.6 μm，木制品、玻璃、聚合物和多数透明材料对其有很好的吸收效果，因而特别适合在非金属表面上进行标记。

CO_2 激光打标机以 CO_2 气体作为工作介质，当在电极上加高电压，放电管中产生辉光放电，可使气体分子释放出激光，将激光能量放大后就形成对材料加工的激光束。主要用于非金属行业（木制品、饮料包装、电子元件、皮革等）。

（2）二极管泵浦 YAG 激光器。波长短（1.06 μm），产生的激光能被金属和绝大多数塑料很好地吸收，而且聚焦的光斑小，因而适合在金属等材料上进行高清晰度的标记。

二极管泵浦 YAG 激光器利用输出固定波长的半导体激光器来对激光晶体进行泵浦，其具有工作时间长，低功耗，体积小的特点。它的使用寿命高达上万小时，大大降低了维护成本。同时光转换效率高，也减少了运行成本。二极管泵浦固体激光器根据泵浦方式分为侧面泵浦方式和端面泵浦方式。侧面泵浦方式：半导体泵浦源位于激光晶体的侧面，与灯泵浦相同，需要内循环水冷和外循环冷却装置，采用多个半导体模块作为泵浦源，可提供较大输出功率。其优点是：光束质量好，免维护，耗电省，性价比高。端面泵浦方式：半导体泵浦源位于激光晶体的端面，半导体模块光传导方向与激光方向相同，激光平均输出功率在 3W 至 15W 之间，光学模式优于其他泵浦方式。其优点是：具有极好的光束质量，小聚焦焦斑，短脉宽，高脉冲峰值功率，高重复频率。

（3）准分子激光器。准分子（Excimer）是由 Excited-Dimer 两个字组成，意思是"受激二聚体"。二聚体所包含的是惰性气体和卤素两种元素。基态下的惰性气体原子，其电子壳层已被充满，从而保持其化学性能的稳定性。当这些稳定的原子受到激发，由于电子被激发到更高的轨道上而打破了最外层的满壳层电子分布，此时可以与其他原子形成寿命极短的分子，这种处于激发态的分子称之为受激发分子简称准分子。不同的惰性气体与卤素的短暂结合的混合物在解离时会释放不同波长的准分子激光。其光谱一般位于紫外波段，如 ArF 为 193nm，KrF 为 248nm，XeCl 为 308nm，XeF 为 353nm，这些波长都能被金属、玻璃和塑料强烈吸收。这些光子所释放出的光子能量是非常大的，它们作用于生物组织时发生光化学效应，使细胞组织汽化或分解，从而达到切削组织的目的，但对周围组织不产生影响，被认为是一种"冷激光"。因此，在某些情况下，准分子激光器可作为标记系统中 CO_2 或 Nd:YAG 激光器的替代物。

（4）DPSS 及光纤激光器。光束质量好，寿命长。光纤激光打标机采用光纤光栅作为光纤激光器的谐振腔，用特殊工艺制成的树权型包层光纤，多模泵浦光就从光纤岔口导入，对树权型光纤内的一条细小的掺杂稀土元素的单模光纤纤芯泵浦。当泵浦光每次横穿过单模光纤纤芯时，将稀土元素的原子泵浦到上能级，然后通过跃迁产生自发辐射光，通过在光纤内设置的光纤光栅的选频，特定波长自发辐射光被振荡放大最后产生激光输出。若在包层光纤材料中掺杂不同的稀土元素，例如掺杂铒、铥、镨、镱等会使得光纤激光器有多种不同的激光波长输出。利用包层、并行泵浦技术，将多个激光二极管同时耦合至包层光纤上，就可以获得较高功率的激光输出。

光纤激光器按工作方式可分为连续型与脉冲型；按基质材料可分为塑料光纤激光器、玻璃光纤激光器、掺杂离子光纤激光器。如 Yb^{3+} 离子光纤激光器，其输出波长为 1.0～1.2 μm。

玻璃光纤激光器中的大部分激光器的基质材料是石英玻璃。如掺铒离子光纤激光器，其输出波长为 1.55 μm。塑料光纤激光器中的基质材料则主要为塑料材质，这种光纤激光器的制作成本低、工艺简单。如氮分子激光器，将聚苯乙烯作为纤芯，聚异丁烯甲酯作为包层，该光纤激光器的输出光波长为 410～420nm。光纤激光打标机具有光束质量好、寿命长、打标速度快的优点，广泛用于汽车机械、电子通讯、五金器材、饰扣标牌、仪表眼镜等行业。

激光打标机标刻方式都是利用激光的高能量密度，在工件表面留下标记。它的两种工作方式各有其优点，但系统中选择的是扫描式，主要是扫描式打标的标刻面积和灵活性比较好。

a）掩膜式标记法

掩膜式标记法又被称为投影式标记法。如图 3-16 所示，在一块膜板上，将待打的数字、字符、条码、图像等雕空，做成掩膜。经过望远镜扩束的激光均匀地投射在事先做好的掩膜上，光从雕空部分穿过。掩膜上的图形通过透镜成像到工件上，通常每个脉冲即可形成一个标记。受激光辐射的材料表面被迅速加热汽化或产生化学反应，发生颜色变化形成可分辨的清晰标记。掩膜法打标主要优点是一个激光脉冲一次就能打出一个完整的、包括几种符号的标记，因此打标速度快，对于大批量产品，可以在生产线上直接打标。掩膜法打标一般采用 CO_2 激光器和准分子激光器。

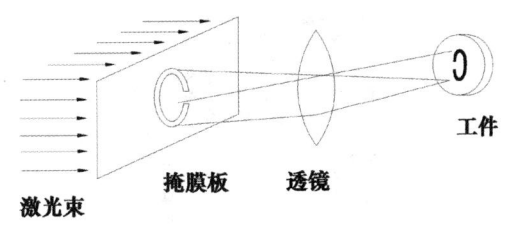

图 3-16 掩膜式标记法

掩膜法打标用法比较简单，为降低费用可选择不完整系统进行手工或半自动方式进行标记加工，且加工效率高，因为脉冲宽度为微秒级，工件顺序排列在工件台上自动送进，进行标记，不会造成拖影或模糊。一次脉冲就可标记出一组字符（或条码、图案），因此，标记速度最快可达 30 个/秒，最慢也能达到 1 个/秒。但使用掩膜标记的缺点是掩膜制作复杂，一种零件要做一个，同时掩膜板会遮挡掉部分激光能量。因此，掩膜法适于对小面积元件进行标记，且在打标过程中不宜在线变换字符或图案等。

b）扫描式标记法

扫描式打标是将激光束入射到两反射镜（振镜）上，利用计算机控制扫描反射镜，这两个反射镜可分别沿 X-Y 轴扫描，在一确定的面上打出数字、文字、图形，原理如图 3-7 所示，聚焦系统可分为先聚焦，经反射镜射到工件上或光束先经过反射镜、然后再经聚焦镜打在工件上。标记面积可大可小，可同时标记几个小零件，也可以对一个零件标记出多种文字和图案。

扫描式又分为机械扫描和振镜扫描两种。在机械扫描式系统中，X-Y 扫描机构通常采用绘图仪式的结构，机械机构的运动速度决定着标刻速度。在振镜扫描式系统中，X-Y 扫描机构由高速振镜光学扫描器构成，高速振镜实质是电流表计，完全沿袭电流表的设计方法，镜片取代了表针，驱动镜片的是伺服电机，位置传感器的使用和负反馈回路的设计思路，进一步保证了系统的精度，使整个系统的扫描速度和重复定位精度达到一个新的水平。

扫描打标系统中，计算机对图形、文字的处理是可用矢量来表示图形和文字，即用有向线段画出各种各样的图形和文字。这种方法采用了计算机中高级图形系统对图形的处理方式，具有作图效率高，图形精度好等特点，并且能够无失真、无变形地放大和缩小图形任意倍。矢量方式的采用，极大地提高了激光打标的速度和质量。

扫描打标法常采用 Nd:YAG 激光器，通常 YAG 激光器的输出功率为 10~120W，波长为 1.06μm，输出可以是连续的，也可以是 Q 开关调制的。近年发展的射频激励 CO_2 激光器，也可用于振镜扫描式激光打标机。

c）点阵式标记法

点阵式标记法主要是使用一台或几台小型激光器同时发射脉冲，经反射镜和聚焦透镜后使一个或几个激光脉冲在被标记材料表面上烧蚀熔化出大小及深度均匀的小凹坑，每个字符、图案都是由这些小圆黑凹坑构成的，一般情况下，由计算机根据图案计算出点云图案，从而形成的阵列如图 3-17 所示。点阵式打标一般使用小功率的二氧化碳激光器，打标的速度可以达到 6000 字符/秒，是高速在线打标的最理想选择方式，主要的缺点是只能进行标记点阵字符，而且只能达到一定的分辨率，对于文字来说就无法识别以及无法实现打标的功能。因此在国内打标市场使用的并不很广泛。

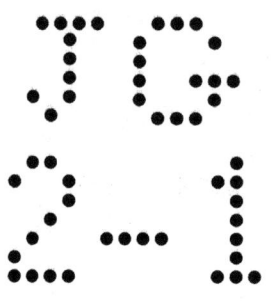

图 3-17 点阵式标记

点阵方式标记速度较慢，适宜于平面图像（如照片）的标记但文字标记在放大时、边界不光滑。

4. 光纤激光打标机和其他打标机的比较优势

光纤激光打标机优于 YAG 激光打标机、CO_2 激光、半导体激光打标机，其原因在于光纤激光器的优势。

（1）光纤光使用率可高达 80% 以上，而半导体光使用率只有 40% 左右，所以 10W 光纤基本上涵盖了 50W 半导体的加工范围；

（2）脉冲重复频率高，输出稳定功率，单脉冲能量波动低于 1%，实现高速激光标刻，精确控制光斑大小、形状、深度；

（3）环境适应性强，高震动、高湿度的环境下可以连续正常工作；

（4）采用内置风冷冷却方式，无需水冷、效率高、体积小，整机重量小于 22kg，可靠性高，长时间免维修，节约使用成本；

（5）简单易用，无须光学调整、维护，集成度高、结构紧凑、故障少、抗振动和抗灰尘性能比其他要好很多；

（6）配了光隔离器，可屏蔽反射光，完全可以在金、银、铜、铝、硅等高亮面、高反射面上操作，不需偏离场镜正中心，拓宽了应用领域，对于不同金属，通过频率和能量的调节可作用出一定颜色。

3.3 激光打标机工艺

3.3.1 激光标刻系统工作流程

激光打标机利用专用的点云转换软件，将二维图像转换成点云图像，接着根据点的排列方式通过计算机控制软件控制激光在工件表面上的位置范围和激光的输出。由氪灯泵浦 Nd：YAG 激光器产生激光束（波长为 1064nm），经扩束镜扩束后，再射到振镜扫描器的反射镜上，振镜扫描器在计算机的控制下高速摆动，从而使激光束在 X、Y 二维方向上进行扫描，形成平面图像。激光打标就是利用聚焦到工件表面的激光束形成一个个细小的、高功率密度的光斑，每一个高能量的激光脉冲瞬间在工件表面烧蚀形成标记，通过计算机的控制软件 Ezcad2 使其连续不断地重复这一过程，从而将控制软件 Ezcad2 预先编辑好的文字、图形等就被蚀刻在工件表面。

激光标刻系统的工作流程需要通过软件将图形、图像或者其他指令转换成数据，通过控制系统传动到运动控制板卡，数控系统中的控制板卡用于连接激光标刻电源和振镜扫描系统中的电机驱动，光学系统再根据控制数据传递给动力系统，最后由动力系统带动光学系统做机械运动并完成加工。整个激光标刻系统的工作过程，主要是进行协调激光光路和能量强度的控制。激光标刻系统的流程图如图 3-18 所示。

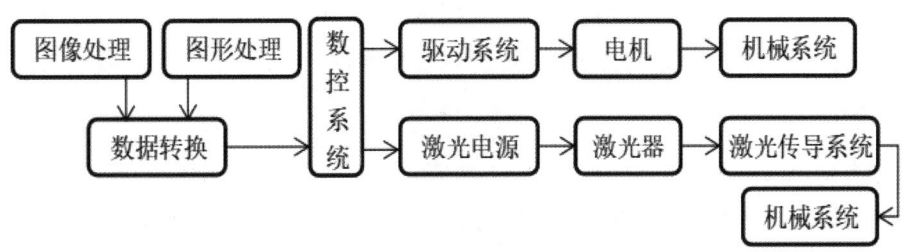

图 3-18　激光打标系统流程图

1. 激光打标工艺分析

（1）激光打标工艺概况

激光打标是利用经聚焦的高功率密度激光束照射工件，在超过阈值功率密度的前提下，光束能量以及活性气体辅助附加的化学反应热能被材料吸收，由此引起照射点材料温度急剧上升，到达沸点后材料开始气化并形成凹坑。随着光束与工件的有序相对移动，最终使材料表面形成标记。同时打标过程中产生的熔渣被一定压力的辅助气体吹除。从对各类材料激光打标的不同物理形式及使用方法看，激光打标可分为汽化打标、熔化打标、氧助熔化打标和光化学反应打标。

a）汽化打标

工件表面在激光束加热下升到沸点以上温度，部分材料化作蒸气逸去。其需要 $10^8 W/cm^2$ 的高功率密度，对打标深度要求不深（<0.1mm）的金属材料及不能熔化的非金属材料常采用此打标方式。

b）熔化打标

激光束功率密度超过一定值时，会在工件内部蒸发，形成孔洞，然后与光束同轴的辅助气流把孔洞周围的熔融材料驱除、带走，这就是熔化打标，其所需的功率密度约为汽化打标的 1/10，它适用于打标表面要求不能氧化的材料。

c）氧助熔化打标

如果用氧或其他活性气体代替熔化打标所用的惰性气体，由于热基质的点燃、发生激烈的燃烧反应，放出大量热能使在打标过程中产生两个热流：激光照射能和氧—金属放热反应能，这样打标所需的功率密度仅为熔化打标的 30%～40%。

d）光化学反应打标

对于准分子激光打标，由于准分子激光波长（ArF：X=0.193μm，XeF：λ=0.351μm）很短，材料被吸收后，产生光化学反应，从而产生有序标记。

（2）激光打标质量的影响因素

影响激光打标质量的主要因素有光束特性（波长、功率、发散角、聚焦光斑）、材料特性（表面反射率、表面状态）、要求的打标深度及打标速度和辅助气体及压力分布等。

a）材料特性

影响打标质量最重要的参量是材料对激光辐射的吸收率，其次是它的热导率和热膨胀系数。对不透明材料而言，吸收率与材料种类、表面状态、氧化状态等有关。同时它也是温度的函数，温度越高，吸收率越大，材料所吸收的激光功率也越大，打标深度也越深。

b）光速特性

不同材料对不同激光的吸收率差别较大，金属对 1.06 μm 波长的 Nd：YAG 激光的吸收率较高，在金属表面卞标刻效果较好；而玻璃、聚合物和有机材料对波长为 10.6 μm 的 CO_2 激光的吸收率高，在非金属表面上标刻效果较好。表 3-1 显示出不同材料对 1.06 μm 波长的 Nd：YAG 激光和 10.6 μm 的 CO_2 激光的吸收率。

表 3-1　不同材料对不同波长激光的吸收率百分比

材料 激光器	铝	铜	玻璃	铁	钼	镍	纸	硅	钙	锌	银
Nd：YAG	10	8	5	35	42	28	25	72	31	50	3
CO_2	2	1	94	4	4	3	95	72	4	2	1

利用激光可以在任何材料上刻字，而且既不会在刻字时损失材料，也不会引起颜色变化，因此可在采用其他标记法不易达到的地方进行激光标记。由于不同材料对不同波长激光的吸收率不同，吸收得好，标记质量就得以保证，且持久耐用。一般说来，在金属和深颜色塑料表面打标记时宜采用 Nd：YAG 激光器；在金属陶瓷和透明材料表面打标记，则采用 CO_2 激光器比较好。

c）功率密度

在材料吸收率一定的条件下，工件所接受的激光功率密度越大，其标刻越容易且深度越深。功率密度决定于激光器的峰值功率及光束聚焦后的面积，而光束聚焦后的面积与发散角、波长、焦距成正比，为提高功率密度可通过提高峰值功率来达到，也可通过减小发散角（扩束），缩短波长（倍频）及缩短焦距实现，在实际过程应综合考虑诸因素。

激光功率密度是受设备自身的激光器功率和 Q 频率影响，其中 Q 频率的范围视设备而定，可通过打标控制软件在规定范围内任意调节。Q 频率与激光脉冲的功率、脉冲能量、脉宽的关系如图 3-19 所示。

从图中可看出，Q 频率较低时，会出现高的峰值功率和低的平均功率，此时，能量被用于"制孔"，即去除一些材料，从而进行深度打标；当 Q 频率较高时，其低的峰值功率和高的平均功率则适于用来"加热"，即根本不去除材料，只造成材料颜色的变化或引起材料热变形。正是这些特性，针对不同材料就可选择比较适合的 Q 频率和功率来对不同需求的产品进行标记。

d）辅助气体及压力分布

使用气体的目的是与金属产生放热化学反应，增加能量强度；从标记处吹掸熔渣，同时冷却标记

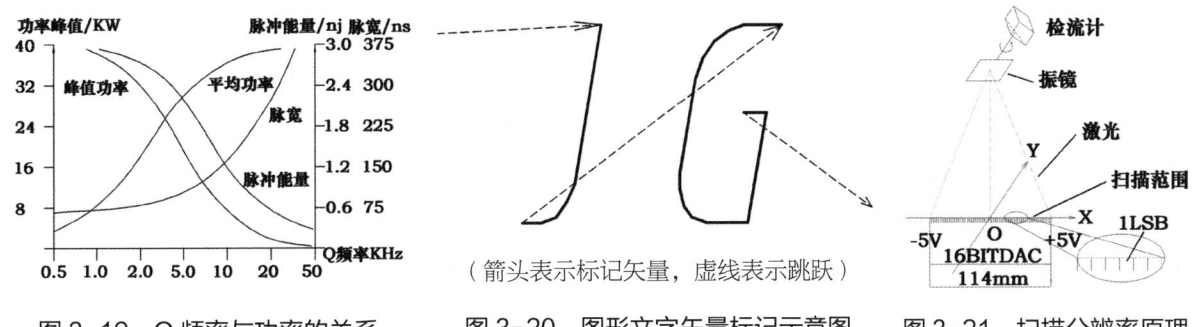

| 图 3-19 Q 频率与功率的关系 | 图 3-20 图形文字矢量标记示意图（箭头表示标记矢量，虚线表示跳跃） | 图 3-21 扫描分辨率原理 |

邻近区域减少热影响处，使标记更加清晰；保护聚焦透镜，阻止燃烧产物玷污光学镜片。辅助气体的选择、气体压力及其分布对打标质量影响较大，在使用过程中应根据试验选取气体及气体压力分布。

e）打标深度及打标速度

对一定的材料，在吸收率不变，辅助气体不变的条件下，功率密度一定时，打标速度越快打标深度越浅；打标速度一定时，功率密度越高，打标深度越深。

图形文字的矢量打标（如图 3-20）速度一般由打标材料决定，具体地说，就是由打标步长与步长时间来确定，跳跃速度由跳跃步长与步长时间决定。当然，跳跃通过的时间越快越好。

矢量扫描标记法则克服了上述标记法的不足，其速度快，且由于是计算机控制又易于变化图形。扫描标记在实际加工中除了材料的因素外，打标面积的分辨率、激光功率、打标速度等参数也会对质量产生影响，且各参数间相互作用，相互制约。

f）分辨率

打标面积上的分辨率是由设备即硬件所决定的，即取决于扫描区域和扫描电压。如图 3-21 所示的设备分辨率为 1.7um/lsb，非常高，可以进行高精度产品的标记。

影响标记质量的其他一些参数，如标记步长、跳跃步长、步长时间、标记延迟、跳跃延迟、激光开/关延迟、Q 调制脉冲宽度及频率等，在生产中都应予以综合考虑，以期获得高品质的标记产品。所以要标刻出高质量的产品，不仅要考虑脉冲激光束对材料的作用，还要考虑脉冲激光束行程的均匀性及行程控制的准确性。在打标过程中可以合理地调节空走速度、重复次数、出激光延时、断激光延时、拐点延时、延时打标时间等打标参数，对机械惯性产生的影响进行校正。如在打标速度较高时，可以适当增加延时。另外打标图形的分辨率及扫描线密度的设置也会影响打标质量和打标速度，在打标过程中根据不同的需要作合理的设置。

3.4 激光打标技术应用与操作实践

3.4.1 激光打标的应用

激光打标技术的应用方兴未艾，主要应用于对光洁度、精细度要求较高的领域，如深色标签、手机、钟表、模具、精密仪器行业以及位图的打标。目前，激光打标主要应用于以下几个行业：

1. 钢铁行业中主要用于轧钢厂轧板生产线中的中厚板，钢管厂钢管生产线上的钢管，线型厂线材生产线的铭牌等标记。

2. 无线电行业中主要用于无线电通讯设备的面板、铭牌刻字及打标。

3. 汽车及摩托车行业中主要用于缸体、车架、底盘等流水线产品的自动打标及汽车铭牌等标记。

4. 机械行业中主要用于机械零件如活塞、活塞环、轴瓦、轴承、连杆、工具、量具、面板、手机按键、日用品配件等工件的打标。

5. 半导体行业中主要用于元器件的识别标记、集成电路的微型标记硅片划线、刻字、电子元件封装、IC 等。

6. 广告装饰业及刻字中主要用于塑料、有机玻璃、木材、透光彩、不干胶、Logo、电器外壳、电子产品等产品进行切割和雕刻，并可以刻图章。

3.4.2 激光打标机的操作

1. 设备概述

光纤激光打标机是目前最先进的激光打标设备，可用于汽车零部件零件号、供应商代码、公司 Logo、可追溯唯一码和二维码的打标。书中以德美鹰华厂家 F 系列光纤激光打标机介绍激光打标的操作过程，F 系列光纤激光打标机参数见表 3-2。

表 3-2 激光打标机参数

项目	参数
加工范围	300mm × 300mm × 200mm
加工台面	铝平板台面
激光器	光纤激光器
激光功率	30W
功率调节范围	0% ～ 100%
激光波长	1064nm
激光器寿命	100000 小时
加工模式	打标
控制界面	基于 Windows 操作系统的工控机
运动系统	进口高精度振镜、3 轴动态聚焦振镜
电气要求	单相 220V/50Hz

设备由工控电脑、显示器、工作台、控制开关、自动对焦控制盒、光源、支架等部分组成。

（1）设备具备升降镜头功能，为不同厚度材料的打标操作，更加方便打标时的聚焦调节。转动工作台左侧的手轮可升降打标头，便于标刻不同厚度的材料和异形工件，或使用旋转辅助器加工圆柱形工件。

（2）设备具备红光外框指示及轮廓指示两种方式可选，以便需要复杂定位时更方便。红色指示激光和标刻激光完全同轴，经由振镜系统控制，可精确地标识加工位置，方便定位，减少准备时间，提高加工效率和成品率。

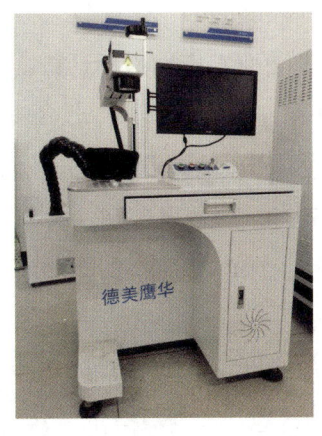

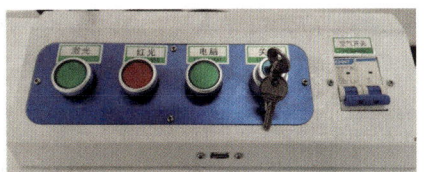

图 3-22　激光打标机设备　　　　图 3-23　控制开关面板

（3）设备工作台必须具备场镜互换，满足更大范围的打标。

（4）激光器选用光纤激光器，具有 10 万小时以上寿命免维护光纤激光器。

（5）振镜扫描系统选用原装进口振镜扫描系统配置高速度、高精度振镜扫描电机及独立芯片控制板卡，聚焦系统配置：分辨率 0.001mm；重复精度 0.001mm，直线扫描速度最大至 9000mm/s。高性能振镜系统能够助于平衡加工效果和提高效率，最小可标刻 1.5mm 高的文字，无变形。

（6）聚焦平场透镜，高质量的聚焦透镜很大程度上保证聚焦光斑在全加工幅面内的一致性，获得良好的加工质量。

（7）计算机及控制系统：SA 总线的 DSP 控制卡 / 接口工控机。双核处理器或相当等级，17 寸液晶彩显，英文键盘，鼠标，中文 WINDOWS 操作系统。配套 Ezcad 软件。交互式图形化界面：windows 界面，可调用 AutoCAD，CorelDraw 图形。多种中、英文字体，激光参数数据库，急停控制及帮助功能。

（8）安全性和可靠性，所有会产生安全风险的位置都设有传感器进行监测和保护，包括前盖开盖传感器等。当检测到危险情况时，设备会自动停机，避免发生意外。另外，在人机界面上方设有急停开关，当人为判断可能发生危险情况时，可按下按钮，设备将立即全部断电，很大程度保护人身和财产安全。

2. 开机流程

打开系统总开关（空开开关）—开启红光开关—开启电脑开关—启动打标软件—开启激光开关。遇到紧急情况，按下总开关，拉下空开开关。

开机前必先检查电源输入线是否正确完好，接地是否完好。

（1）开机上电步骤

a）接通总电源，并且保证机器可靠接地；

b）打开总电源后面开关，打开急停开关，使其处于释放状态；

c）打开钥匙开关，按一下启动按钮，设备上电；

d）打开电脑，进入软件（软件操作说明详见软件功能介绍）；

e）调出打标内容后打开红光定位，定位完成后进行打标；

f）工作结束，按上述顺序逆向关机。

（2）注意事项

a）不允许设备在电源电压不稳定等情况下工作，必要时需用稳压器对其稳压；

b）出现异常现象，首先关闭总电源开关再行检查；

c）本机工作时，所有电路元器件（如：激光器电源和振镜电源）和光学元器件（如：光纤激光器、振镜和 f-θ 聚焦透镜）均需良好散热，故应保证工作环境通风良好；

d）使用环境应清洁无尘，否则会污染光学器件，影响激光功率输出，严重时甚至会损坏光学器件；

e）环境相对湿度≤80%，温度 5℃~30℃；

f）整机可靠接地，不遵守此项规定可能会导致触电或设备工作不正常；

g）在电源切断后 10 分钟，才可对机器进行搬运、接地和检查等操作；

h）搬运或操作时轻拿轻放，以免损坏光纤激光器；

（3）常见故障及解决方法

a）开机无任何反应

是否正常：检查电源输入并使其正常；紧急制动开关是否按下：松开紧急制动开关。

b）无激光输出或激光输出很弱（刻划深度不够）

激光是否切光：微调光纤光路系统，使输出光斑最好；光学器件表面是否凝露：等待凝露消失（此时应关闭激光）；光路系统是否有阻塞：清除并保证光路通畅且封闭好；工作平面是否处于激光焦平面：调整光路系统升降。

c）软件报错

未找到有效 LMC 有效设备时，检查电脑是否连接到设备，设备是否通电；发现 USB 设备但是无法识别该设备时，重装打标卡硬件驱动程序。

3. 软件功能介绍

（1）EzCad2.0 软件简介

EzCad2.0 国际版软件流畅运行所需计算机硬件环境：EzCad2.0 国际版软件运行在 Windows XP 操作系统。

EzCad2.0 国际版软件安装非常简单，用户只需要把安装光盘中的 EzCad2.0 国际版目录直接拷贝到硬盘中，然后去除所有文件及文件夹的只读属性即可。双击目录下的 EzCad2.exe 文件即可运行 EzCad2.0 国际版程序。

如果没有正确安装软件加密狗，则软件启动时会提示用户"系统无法找到加密狗，将进入演示模式"，在演示模式下用户只能对软件进行评估而无法进行加工和存储文件。

（2）软件功能

EzCad2.0 软件具有以下主要功能：

a）自由设计所要加工的图形图案；

b）灵活的变量文本处理，加工过程中实时改变文字，可以直接动态读写文本文件和 Excel 文件，文本格式支持 TrueType 字体，单线字体（JSF），SHX 字体，点阵字体（DMF），一维条形码和二维条形码；可以通过串接读取文本数据，或网口直接读取文本数据，还有自动分割文本功能，可以适应复杂的加工情况；

c）节点编辑功能和图形编辑功能，可进行曲线焊接，裁剪和求交运算；强大的填充功能，支持环形填充；

d）支持多达 256 支笔（图层），可为不同对象设置不同的加工参数；

e）兼容常用图像格式（bmp，jpg，gif，tga，png，tif 等），兼容常用的矢量图形（ai，dxf，dst，plt 等）；常用的图像处理功能（灰度转换，黑白图转换，网点处理等），可以进行 256 级灰度图片加工；

f）多种控制对象，操作人员可自由控制系统与外部设备交互，支持动态聚焦；

g）开放多语言支持功能，可以轻松支持世界各国语言。

(3) 软件界面说明

a）开始运行程序时，显示启动界面，程序在后台进行初始化操作（图 3-24）。

b）文件 (F)

"文件"菜单实现一般的文件操作，如新建、打开、保存文件、从设备输入图像等功能（图 3-25）。

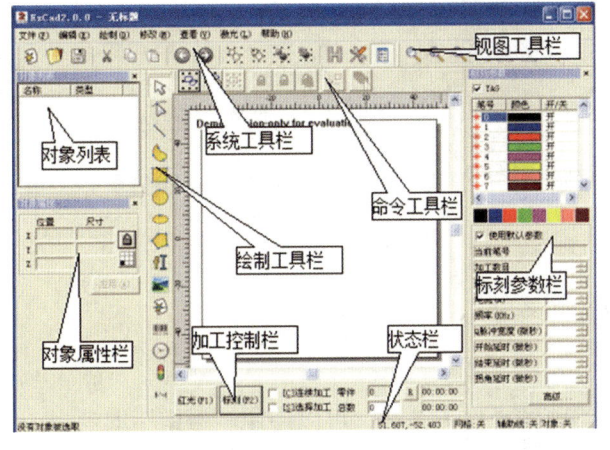

图 3-24 软件界面

图 3-25 文件菜单

①新建 (N)

"新建"子菜单用于新建一个空白工作空间以供作图，其快捷键为 Ctrl+N。

选择"新建"子菜单时，软件将会关闭当前正在编辑的文件，同时建立一个新的文件。如果当前正在编辑的文件没有保存，则软件会提示是否保存该文件。

当鼠标指针移动到工具栏中新建图标并稍微停顿后，系统将会出现一条提示信息，简单说明该图标的功能，同时在主界面窗口下方状态栏上将会显示该功能稍详细的解释。如果将鼠标指针移动到菜单栏中的"新建"子菜单上，则只会在状态栏出现详细解释，提示信息不会出现。

②打开 (O)

"打开"子菜单用于打开一个保存在硬盘上的 .ezd 文件，其快捷键为 Ctrl+O。当选择"打开"子菜单时，系统将会出现一个打开文件的对话框，要求您选择需要打开的文件。当您选择了一个有效的 .ezd 文件后，该对话框下方将显示该文件的预览图形（本功能需要在保存该文件时同时保存了预览图形）。

③保存 (S) 和另存为 (A)

"保存"子菜单以当前的文件名保存正在绘制的图形，"另存为"子菜单用来将当前绘制的图形保存为另外一个文件名。两者都实现保存文件的功能。

④打印，打印当前绘制的图形。

⑤获取扫描图像 (m)

"获取扫描图像"子菜单用于设备中读取图像。选择该命令后，会弹出如图3-26所示对话框，要求选择设备（所列出的设备是在电脑上已经安装过的合法程序）。当选定了设备后，系统会出现对应的图像处理对话框，再可以选择对应的图像输入。

⑥系统参数 (P)

"系统参数"子菜单用于进行系统参数的设置。使用该命令可设置程序运行时的一些特性，包括显示、保存、语言等。选择"系统参数"命令，弹出如图3-27所示的对话框。在该对话框中，可以设置软件所使用的单位类型、所显示的颜色、工作空间相关参数、自动备份时间和显示的语言等多种参数。

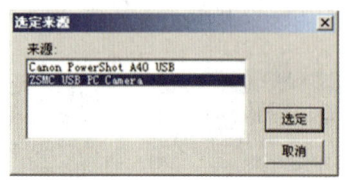
图3-26 获取扫描图像

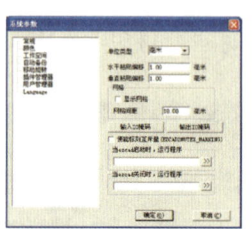
图3-27 系统参数

c）编辑

"编辑"菜单实现图形的编辑操作（图3-28）。

①撤消（U）/恢复（R）

在进行图形编辑操作时，如果对当前的操作不满意，可以使用"撤销"取消当前的操作，回到上一次操作的状态；撤销当前操作之后，可以使用"恢复"功能还原被取消的操作。这是进行编辑工作最常用的功能之一，与大多数软件相同，这两种操作都具有快捷键Ctrl+Z和Ctrl+Y。

②剪切（T）/复制（C）/粘贴（P）

"剪切"将选择的图形对象删除，并拷贝到系统剪贴板中，然后用"粘贴"功能将剪贴板中的图形对象拷贝到当前图形中。"复制"将选择的图形对象拷贝到系统剪贴板中同时保留原有图形对象。"剪切""复制""粘贴"对应的快捷键为Ctrl+X、Ctrl+C、Ctrl+V。

③群组 / 分离群组

"群组"将选择的图形对象保留原有属性，组合在一起作为一个新的图形对象。这个组合的图形对象与其他图形对象一样可以被选择、复制、粘贴，可以设置对象属性，"群组""分离群组"对应的快捷键为Ctrl+G、Ctrl+U。

④填充是指可以对指定的图形进行填充操作。被填充的图形必须是闭合的曲线。如果选择了多个对象进行填充，那么这些对象可以互相嵌套，或者互不相干，但任何两个对象都不能有相交部分。选择填充后将弹出填充对话框，如图3-29所示。

使能轮廓：表示是否显示并标刻原有图形的轮廓，即填充图形是否保留原有轮廓。

"填充1、填充2和填充3"是指可以同时有三套互不相关的填充参数进行填充运算。可以做到任意角度的交叉填充且每种填充都可以支持用四种不同的填充类型（单向填充、双向填充、环形填充和优化双向填充）进行加工。

"使能"是否允许当前填充参数有效。

"对象整体计算"是一个优化的选项，如果选择了该选项，那么在进行填充计算时将把所有不互相包含的对象作为一个整体进行计算，在某些情况下会提高加工的速度。（如果选择了该选项，可能会造成电脑运算速度的降低），否则每个独立的区域会分开来计算。

填充类型：单向填充是填充线总是从左向右进行填充；双向填充是填充线先是从左向右进行填充，然后从右向左进行填充，其余循环填充；环形填充是填充线是对象轮廓由外向里循环偏移填充；优化双向填充是类似于双向填充，但填充线末端之间会产生连接线。四种填充类型可用鼠标点击图形按钮的方法来切换，根据实际需要的效果方便快捷地进行设置或更改。

填充角度是指填充线与X轴的夹角；填充线间距是指填充线相邻的线与线之间的距离；填充线边距是指所有填充计算时，填充线与轮廓对象的距离；绕边走一次是指在填充计算完成后，绕填充线外围增加一个轮廓图形；开始偏移距离是指第一条填充线与边界的距离；结束偏移距离是指最后一条填充线与边界的距离。

自动旋转填充角度是勾选此功能表示激光机每标刻一次，自动将填充线旋转所设定的角度再进行标刻。这样可以保证多次深度标刻出的填充图形不会有填充线的纹路，使得整个填充图形表面平滑。

 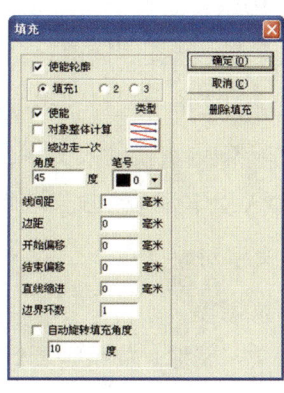 

图3-28　编辑　　　　　图3-29　填充　　　　　图3-30　绘制

直线缩进是指填充线两端的缩进量，如果为正值就是缩进量，如果为负值就是伸出量。此功能用于在加工填充图形时如果希望填充线左右两边与轮廓线让开一点距离的时候使用。

⑤转为曲线是指选择的图形对象的属性被去除，转为曲线对象。

⑥转为虚线是指将矢量图形转化为虚线图形进行标刻，需要设定短线长度及线间距，然后点"确定"，就可以将矢量图转化成虚线图形了。

⑦偏移是指将绘制的矢量图形按照偏移距离进行偏移操作。偏移距离是指偏移后的图形与原图形之间相隔距离。删除旧曲线是否保留原图形：不勾选指保留原图形，勾选指将原图形删除指保留偏移后的图形。

d）绘制菜单

绘制菜单用来绘制常用的图形，包括点、直线、曲线、多边形等。该菜单对应有工具栏，所有的操作都可以使用该工具栏上的按钮来进行，如图3-30所示。当选择了相应的绘制命令或工具栏按钮后，工作空间上方的工具栏（当前命令工具栏）会随之相应改变，以显示当前命令对应的一些选项。

①点（P）是指在工作空间内绘制一个点是最简单的绘制操作。选择"点"命令，鼠标变为十字形状，在工作空间内合适的地方单击鼠标左键，即可在该位置处绘制一个点。可以连续单击鼠标左键以绘制更多的点。当绘制完毕后，单击鼠标右键，此时绘制点的命令结束，最后绘制的一个点作为被选中的图形显示。在绘制点模式时此时当前命令工具栏变成图3-31所示。

图3-31　绘制点

点数是表示放置在曲线上的总点数；点间距是表示每两个相邻点之间的距离；开始偏移是表示第一个点离曲线起点的距离。如果指定的点数无法在要放置图形中一次放完全部的点，则软件会按照点间距继续放置，直到把指定的所有点全部放置在图形中。操作人员可以指定点间距和开始偏移距离来在图形中放置点，而点数以布满图形为准由软件来计算。

②曲线是指绘制一条曲线时在绘制菜单中选择"曲线"命令或者单击图标。

③矩形是指绘制一段矩形时在绘制菜单中选择"矩形"命令或者单击图标。

④圆是指绘制一个圆时在绘制菜单中选择"圆"命令或者单击图标。

⑤椭圆是指绘制一个椭圆时在绘制菜单中选择"椭圆"命令或者单击图标

⑥多边形是指绘制一个多边形时在绘制菜单中选择"多边形"命令或者单击图标。

⑦文字是指EzCad2软件支持在工作空间内直接输入文字，文字的字体包括系统安装的所有字体，以及EzCad2自带的多种字体。如果要输入文字，在绘制菜单中选择"文字"命令或者单击图标。在绘制文字命令下，按下鼠标左键即可创建文字对象。

文字字体参数

选择文字后，在属性工具栏会显示文字属性。如果需要修改所输入的文字，可以在文本编辑框里直接修改即可，如图3-32a。EzCad2支持五种类型的字体（TrueType字体、单线字体、点阵字体及条形码字体，SHX字体），字体类型后面的数字是指系统内的指定字体个数，Ezcad2最多支持1000种字体，如图3-32b和图3-32c，如果Windows系统里面装的TrueType字体太多超过此数时，后面的字体将不会被载入。

圆弧文本

圆弧文本是指在图3-33所示对话框选择后，文本将会按照用户定义的圆弧直径进行排列。

基准角度：指文字对齐的角度基准。

角度范围限制：如果使用此参数，则无论输入多少文字，系统都会把文字压缩在限制的角度之内（图3-34）。

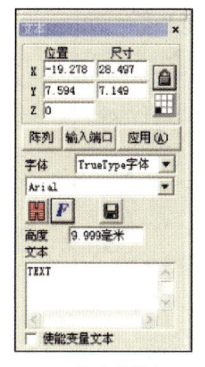  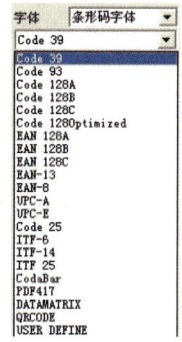

a) 文字属性　　　b) TrueType 字体列表　　c) 条形码字体列表

图 3-32　文字字体参数

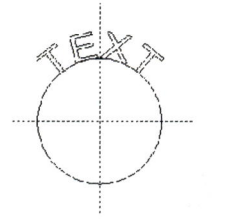 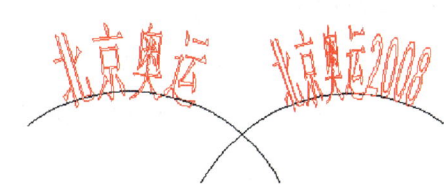

图 3-33　圆弧文本　　　　图 3-34　角度范围限制

变量文本是指点击后可以使用变量文本，系统显示变量文本属性。变量文本是指在加工过程中可以按照操作者定义的规律动态更改文本。

⑧矢量文件是指当输入矢量文件时，在绘制菜单中选择"矢量文件"命令或者单击图标。

⑨直线是指绘制一条直线，在绘制菜单中选择"直线"命令或者单击图标。在绘制曲线命令下按住鼠标左键并可以绘制直线。

⑩图形选取是指绘制工具栏的最上方是图形选取图标。如果当前没有其他命令正在运行的时候，该图标显示为按下的状态，表示当前命令为选取。此时，可使用鼠标单击工作空间内的对象来选中该对象。EzCad2 软件具有自动捕捉的功能，在工作空间内移动鼠标的时候，如果指针移动到了某条曲线的旁边，鼠标指针会自动变化，此时单击左键即可选中该对象。

节点编辑

节点编辑是指 EzCad2 软件所绘制的图形均为矢量图形，因此可通过对图形的特征点进行修改来达到调整图形形状的目的。

e）修改菜单

修改菜单中的命令对选中的对象进行简单的修改操作，包括变换、造形、曲线编辑和对齐等操作。

①阵列是指点击"阵列"命令后弹出如图 3-35 所示对话框。

②变换是指操作人员点击变换命令后系统弹出如图 3-36 所示对话框，变换窗口中有移动变换、旋转变换、镜像、缩放和倾斜。移动变换命令可以将当前选中的对象进行平移；旋转变换命令可以将当前选中的对象进行旋转；镜像变换命令可以将当前选中的对象进行镜像；缩放变换命令可以将当前选中的对象进行缩放；倾斜变换命令可以将当前选中的对象进行倾斜。

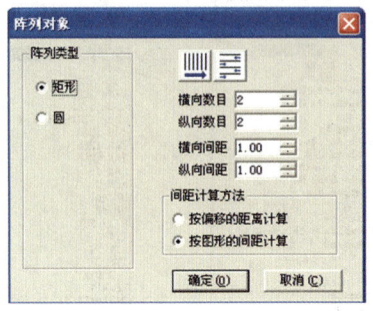 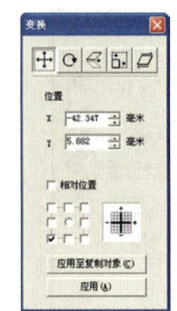

图 3-35　阵列　　　　图 3-36　变换

③曲线编辑

自动连接，用户点击曲线编辑→自动连接命令后系统弹出对话框。自动连接误差，当两个选择图形的首末点的距离小于此参数则把这两条曲线连接成一条曲线。

去除交叉点，用户点击曲线编辑→去除交叉点后系统弹出对话框，如图 3-37。

图 3-37　去除交叉点

④对齐，在工作空间内选择了两个以上的对象时，对齐菜单将变为可用。该菜单用来使选择的对象在二维平面上对齐。对齐的方式共有以下几种：

左边对齐是将所有的对象的左边缘对齐；右边对齐是将所有的对象的右边缘对齐；垂直中线对齐是将所有的对象的垂直中心线对齐；顶边对齐是将所有的对象的顶边缘对齐；底边对齐是将所有的对象的底边缘对齐；水平中线对齐是将所有的对象的水平中心线对齐；中心点对齐是将所有的对象的中心点重合对齐，该对齐方式可能使对象在水平方向和垂直方向都进行了移动。

（4）参数设置

影响打标效果的参数非常多，如工作空间、对象属性、填充、文字、位图的设置，常用的参数是速度、功率和频率，需要根据所标刻零件材质及表面处理的不同选用不同的参数。

a）速度是指扫描振镜速度。整体打标时间受速度参数、打标深度和打标面积的影响。在其他因素不变的情况下，速度越快，打标时间就越短，同一地方收到的激光照射次数越少，标记越浅。速度较慢时激光烧蚀出的物质会在零件表面堆积，影响打标深度。因此要打深，可采用低速多打几遍，再用高速打一遍的标刻方法。

b）功率是指输出功率占激光额定功率的百分比，从 0% ~ 100% 都可以调节。功率越大输出能量就越大，烧蚀效果越明显；反之亦然。功率的选择依据零部件材质、表面处理情况和填充参数而定，长期大功率工作会影响激光器的使用寿命。

c）频率是单位时间内的脉冲次数。频率越高，标刻线上的激光点越密集，标刻效果越平滑；反之亦然。根据不同材料所需设置的参数不同，最常用的频率范围为：20~100KHz，低频下表现为机械效应,对于金属、硅胶等材料低频效果好;高频表现为灼烧效应,对于塑料、PC材料高频效果好。

一般软件目录下存放了多种模板,以适应不同尺寸不同材质的零件,可以通过切换选择合适的模板。点击"切换文件",弹出文件选择框,选择合适的模板打开,即可使用。其中模板名称后的数值为模板标刻内容的尺寸,可以通过选择不同尺寸的模板来标刻大小不同的零件。

(5) 零部件打标

a) 图形准备。从系统中调取需要打标零部件的标识图样,并调整图样大小。

b) 零件安装。按照要求将零部件标刻位置朝上水平放置在工作台上,并调整位置大致在镜头正下方,若零件底面不平则需放在工装上。

c) 调节焦距。将定位红光照射在零部件被刻面,旋转手轮调节镜头高度,将红光光斑调到最亮的状态,或者将激光打开并加工,使得加工轮廓线达到最清晰的状态。

d) 定位。点击打标软件界面的红光预览按钮,光源会发出与标识图样尺寸相符的红色方框照射在零部件表面,调整零件或工装在工作平台上将加工区移至红光区域。

e) 标刻。点击打标软件界面的激光标刻按钮,激光开始标刻信息。

(6) 关机流程

关闭打标软件—关闭激光开关—关闭红光开关—关闭计算机—关闭系统总开关(空开开关)。

3.4.3 激光打标实践项目

项目一 个性名片设计

1. 教学目标

(1) 知识目标:认识和了解激光打标机的工作原理和设备结构;要求学生掌握激光打标机常规操作及工艺参数对激光产品加工的影响和调试,理解激光打标机上采用的有关技术,掌握从事激光加工工艺的基本思想。

(2) 能力目标:要求学生熟练掌握激光打标机安全操作规程操作的能力;熟练运用激光打标软件的能力;掌握激光打标工艺参数应用及调整的能力;判断打标制品的质量。

(3) 素质目标:培养学生创新精神,培养学生责任与安全意识,养成良好的职业素养。

(4) 项目目标:学会使用激光打标机设备进行金属名片打标;知道金属名片的设计原则;会用激光打标机打出理想的金属名片。

2. 应用场景

名片中可以添加大量个人信息,并以图文结合的形式展现,常见名片都是纸质名片,纸质名片保存时间有限,时间到一定程度,名片上的信息会丢失,而金属名片刚好可以避免此问题,能够做到长时间保存。具体应用场景如纸质名片一样,如下:

(1) 接待客户

在接待客户尤其是与客户初次见面时,交换名片是必不可少的环节。通过名片承载的信息,双方就能轻松了解对方公司的基本信息和业务,同时也为下一步的深入沟通提供了话题。

(2)线下销售

公司商务人员在线下销售时,往往也是需要使用名片的,这主要是为了给对方留下一个可以持续联系的方式。当用户有相应的交易需求时,就能与你取得联系,促成交易。

(3)大型展会

大型的展会和商务社交,对于企业而言,是拓宽人脉的最佳场合,一般都需要携带名片。此时,交换名片的目的更多是为了结交和认识更多的朋友,扩大企业的人脉资源,日后能促成合作。

(4)朋友引荐

朋友引荐对商务人士而言是十分重要的社交方式,一般这种引荐活动的商业匹配性是非常高的,这个时候交换名片最为有效,后续能形成合作关系的可能性也会大很多。

3. 项目分析

(1)名片形状尺寸:名片选择黑色金属长方形卡片,尺寸为 50×80mm。直接可从线上平台采购获得。

(2)名片内容:名片分正反两面,正面要求为学校标志建筑、学校校徽、校训等元素,具体布局由学生自定,反面主题自定,要求有自己的姓名学号等信息。

(3)名片材料选择:金属铝合金,表面喷漆。

(4)工艺效果:设计好的图形需要处理成矢量图,采用线扫描加工方式。

4. 实践过程

(1)图片素材准备

激光打标图片需要处理成矢量图,所以图片选择时尽可能选择轮廓分明、线条简单的图案(图3-38~图3-40)。

 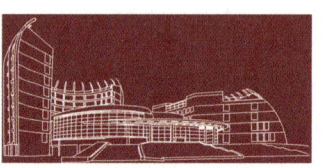

a)学校校徽　　　　　　　　b)学校标志性建筑(图书馆)

图 3-38　图形准备 1

a)剪影图　　　　　b)名字修饰图案　　　　c)机械工程学院院徽

图 3-39　图形准备 2

图 3-40　分割线

（2）图片前期处理

有时候，好的照片也不一定能够做出好的效果，需要对图片进行处理，以便做出好的名片。
使用图像处理软件，如 Photoshop、美图秀秀等软件进行图片处理。

a）先把图片背景处理成白色，凸显出图案主体；学校标志性建筑（图书馆）图需要处理，通过美图秀秀软件，图片导入后，点击"图片编辑"；再点击"滤镜"功能，然后在滤镜功能中点击"去雾"，点击"应用"；最后点击滤镜中的"黑白色"，点击"应用"，如图 3-41 所示。

b）在"滤镜"的"基础"功能中，找到"反色"功能，就可以将上述黑白图片转换成白色背景黑色线条的图案（图 3-42）。

c）单击"保存"，文件名称与格式中选择 jpg 格式（图 3-43）。

d）最后得到的图片如图 3-44 所示。

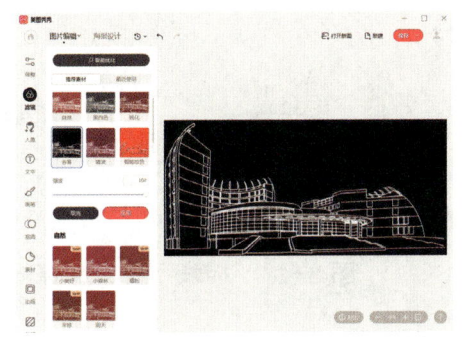

图 3-41　黑白色　　　　　　　　　图 3-42　反色

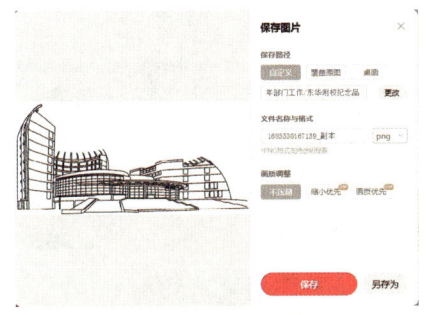
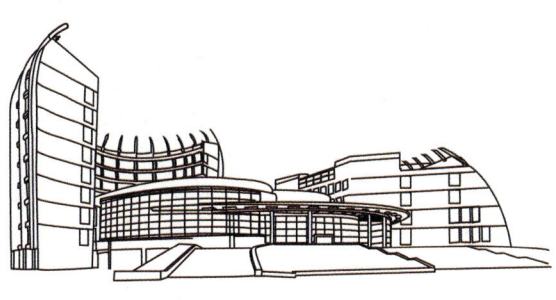

图 3-43　图片保存　　　　　　　　　图 3-44　图片

（3）名片布局设计

名片布局可以在 LaserMaker 软件中设计（图 3-45）。该软件可以从图片中提取矢量线条，然后结合图片调整大小，设计多变的图案。

a）名片正面设计

从图片中提取矢量线条，打开 LaserMaker 软件，在工具栏中单击"打开"，选择已通过美图秀秀处理好的图片，并打开（图 3-46）。

单击选中图片后，在左侧工具栏中单击"轮廓描摹"工具，如图 3-47，得到矢量线条图，然后再将原始图片删除，如图 3-48 所示。

图 3-45　LaserMaker 软件界面

图 3-46　图片导入

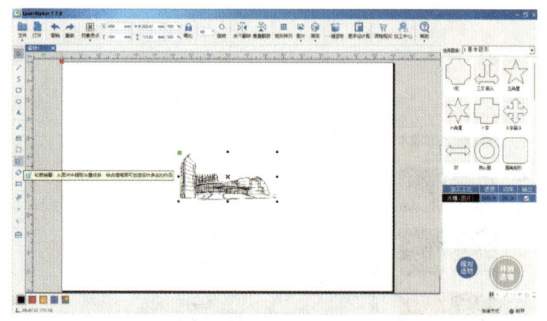

图 3-47　轮廓描摹

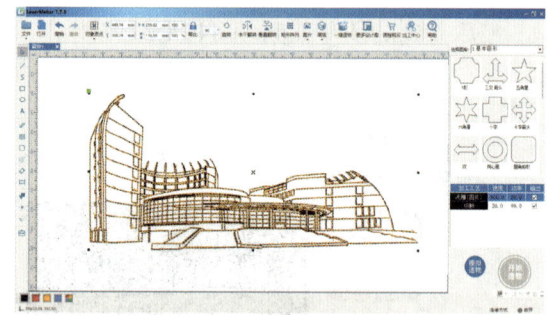

图 3-48　描摹后的矢量线条图

用同样的方式处理学校校徽图片，可得到校徽矢量线条图（图 3-49）。

正面布局，先画一个 50mm×80mm 的矩形，点击左侧工具栏中"矩形"工具，然后在绘图区域，画一个矩形，再在上面的工具栏中更改矩形尺寸为 X 方向 80mm，Y 方向 50mm，如图 3-50 所示。

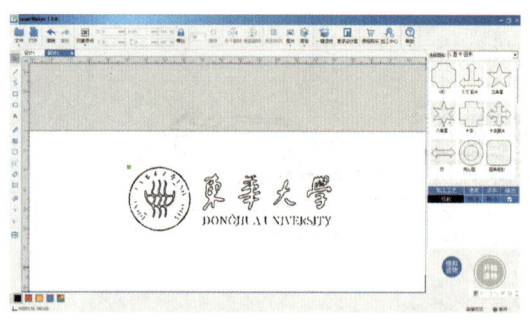

图 3-49　校徽矢量图

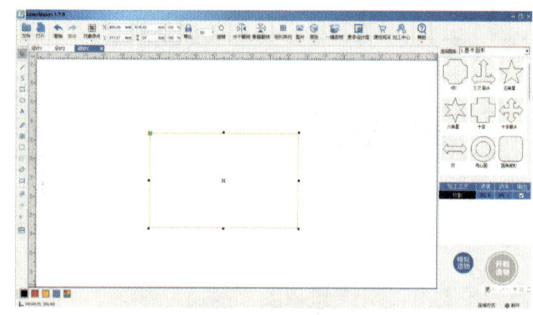

图 3-50　图形边界框

将学校标志性建筑（图书馆）图的矢量线条图等比例缩放，X 方向尺寸修改为 72mm。并移动到矩形的中下方合适位置（图 3-51）。

将学校校徽的矢量线条图等比例缩放，X方向尺寸修改为30mm。并移动到矩形的右上角合适位置，如图3-52所示。

在矩形空白处添加"文字"，文字内容为学校校训"崇德博学 砥志尚实"（图3-53），并在上方工具栏中调好尺寸大小和位置（图3-54）。

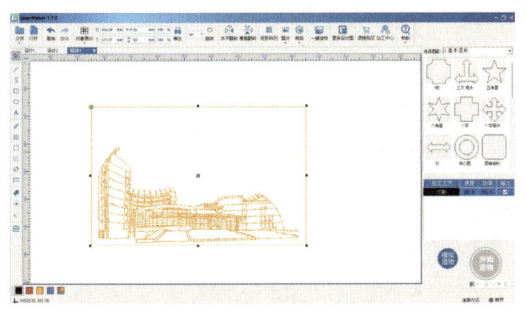

图3-51　图书馆布局

图3-52　校徽布局

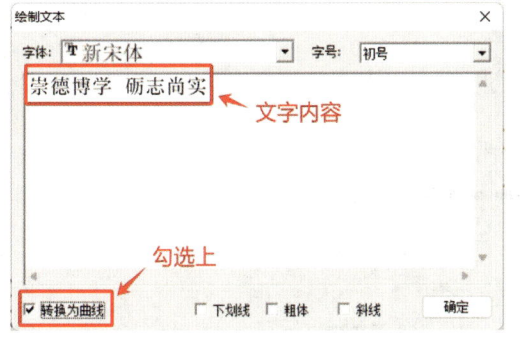

图3-53　校训文字编辑

图3-54　校训文字布局

最后一步可将矩形框删除，并在"文件"命令中点击"导出通用格式"（图3-55），弹出"另存为"窗口，文件名自定义，"保存类型"中选择"dxf"格式文件（图3-56），即名片正面已设计完成。

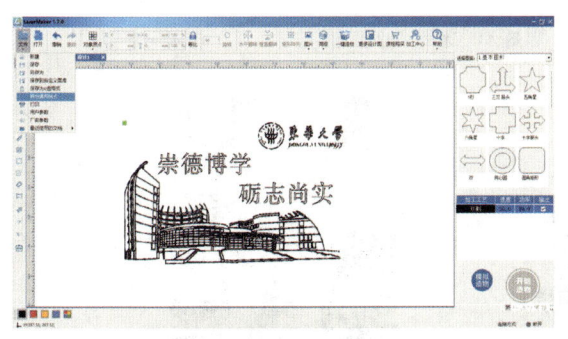

图3-55　文件导出

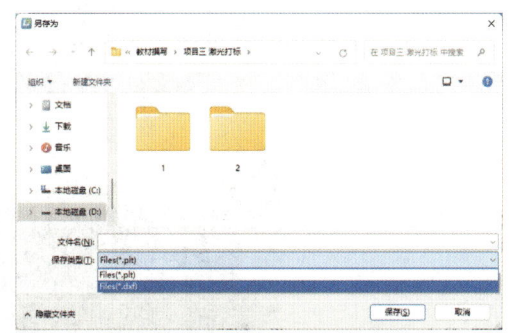

图3-56　文件导出设置

b）名片反面设计

按照学校图书馆照片同样的处理方式，分别处理剪影图、名字修饰图案、机械工程学院院徽、分割线，处理结果如图3-57所示。

反面布局，与正面布局一样，先画一个50mm×80mm的矩形，点击左侧工具栏中"矩形"工具，然后在绘图区域画一个矩形，再在上面的工具栏中更改矩形尺寸为X方向80mm、Y方向50mm。最后，将处理好的图片调整至合适大小及位置，如图3-58所示。

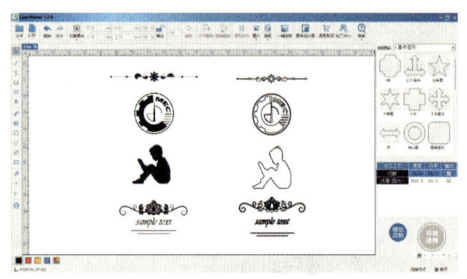
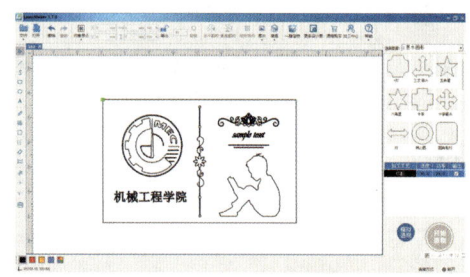

图3-57　名片反面图形处理　　　　　　图3-58　名片反面图形布局

（4）加工制作

a）根据激光器标刻能力确定模型材料的厚度。采用的材料是0.5mm的金属铝箔，表面喷漆。故激光只要将表面漆烧蚀掉，露出铝材料底色即可。

b）在EzCad2.0国际版软件中输入加工图形，在软件中正确设置其激光功率为50%、速度为1500mm/s及频率为20Hz，如图3-59所示。

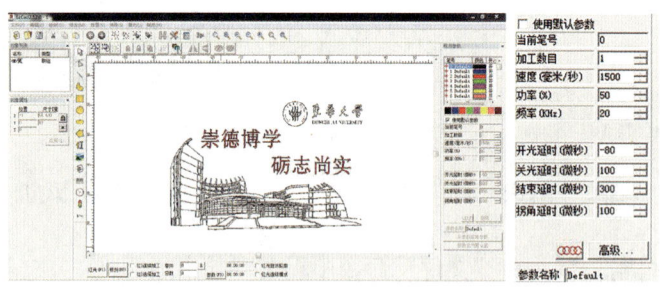

图3-59　图形导入及激光参数设置

c）放置加工金属铝箔，用红光加工定位，调节焦距（图3-60）。

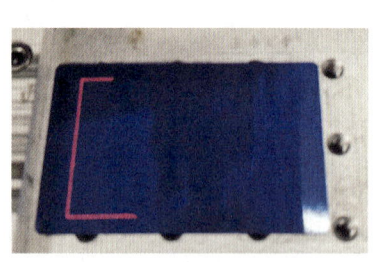
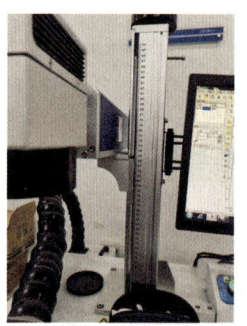

（a）红光定位　　　　　　（b）焦距调节

图3-60　卡片放置

d）点击"标刻"，开始加工，等待加工完成。

(5)成品展示(图3-61)

(a)正面　　　　　　　　(b)反面

图3-61　名片成品

(6)作品欣赏(图3-62)

图3-62　学生作品集

项目二　照片雕刻

1. 项目目标

(1)知识目标：掌握导入图片素材的操作方法；掌握图片素材编辑技巧；掌握设置图片加工工艺参数的方法。

(2)能力目标：要求学生熟练处理激光打标图片的能力；掌握激光打标图片工艺参数设置及调整的能力；判断打标制品的质量。

(3)素质目标：培养学生在模仿他人作品的基础上增加创新点，培养学生版权和信息安全意识，养成良好的职业素养。

(4)项目目标：学会使用激光打标机设备进行图片打标；知道处理图片编辑技巧；会用激光打标机打出理想的图片效果。

2. 应用场景

照片记录了人们珍贵生活中的点点滴滴，更是记录了人们美好的回忆。许多人会在家里墙上或桌上放置自己的各类照片。可以通过激光打标的方式，制作相应的照片摆件。

3. 项目分析

（1）图片形状尺寸：图片的形状可圆可方，尺寸没有要求，后期处理时可以编辑。

（2）图片内容：图片内容要求突出主体，线条分明，在材料上打标效果会更好。

（3）名片材料选择：金属铝合金卡片，表面喷漆。

（4）工艺效果：编辑好的图片可处理成点云，扫描加工方式。

4. 建模过程

（1）图片素材准备，如图 3-63 所示。

（2）图片处理。

图片处理直接使用激光打标机的控制软件 EzCad2 软件，步骤流程为导入图片、图片处理、摆放卡片、加工。

a）导入图片：双击打开 EzCad2 软件，在点击文件，在下拉菜单中点击输入位图文件，选中要导入的图片，并打开（图 3-64）。

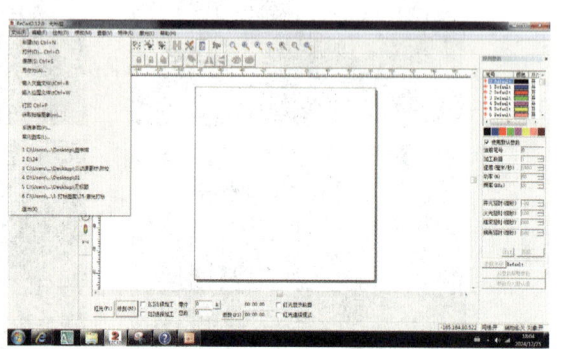

图 3-63　图片准备　　　　　　　　图 3-64　导入图片

b）调整图片大小：因卡片尺寸为 50mm×80mm，故在文件尺寸一栏中将图片尺寸应修改为 50mm×50mm，如图 3-65。

c）图片处理：点击位图编辑命令中的扩展，弹出位图窗口，将反转、灰度、网点勾选中，点击确定，如图 3-66 所示。

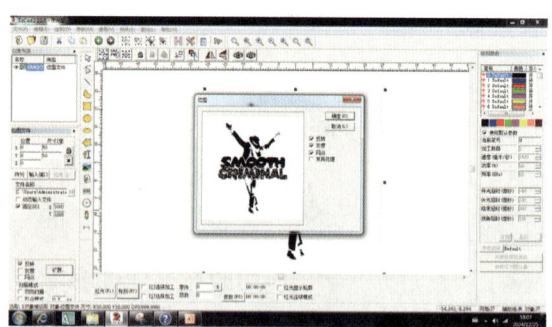

图 3-65　图片尺寸调整　　　　　　图 3-66　图片点云处理

d）摆放卡片：打开软件红光（图 3-67），在工作台上会显示红色方框，将卡片覆盖红色方框，并将卡片摆正（图 3-68），然后点击停止，关闭红光。

e）加工：点击软件中的标刻，即可开始加工（图3-69）。需要注意的是，在加工过程中切勿直视卡片，待加工结束后取回卡片。

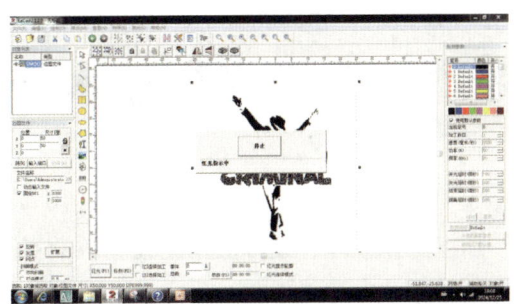

图3-67　开启红光

图3-68　摆放卡片　　　图3-69　图片标刻

5. 成品展示（图3-70）

图3-70　图片加工成品

6. 作品欣赏（图3-71）

图3-71　学生作品集

第四章　激光内雕技术与实践

介绍激光内雕设备结构、加工工作原理、设备操作流程和教学实践案例，使学生掌握激光内雕的原理与操作，通过个性化产品设计及实战，培养学生对激光加工技术的兴趣。

任务一：掌握激光内雕设备结构和加工工作原理；

任务二：掌握激光内雕设备操作流程和防护措施；

任务三：熟练处理平面图形和三维图形激光内雕素材模型；

任务四：独立完成激光内雕教学实践案例。

随着社会的发展，人们的鉴赏水平有了很大的提高，水晶内雕工艺品不再是超出人们经济能力范围的奢侈品，在我国已走进寻常百姓家。这为激光器在内雕行业中的应用带来了强大的动力。目前，水晶内雕机已经完成了由白光机向绿光机、灯泵机向半导体泵浦机、工位机向振镜机的转变，内雕的效果越来越好，内雕机的工作效率也越来越高。

4.1　激光内雕原理

4.1.1　激光内雕技术

激光内雕技术主要是将激光器中发射出来的激光聚焦在无色透明体内部，产生微米尺寸单位的激光点，激光点在玻璃体内部的位置由计算机程序控制，使激光点呈设定好的图像进行打点，从而构成立体图像。玻璃激光内雕技术的发展可以分为两个时期，即白色激光内雕技术和着色激光内雕技术。

白色激光内雕主要通过激光器在玻璃内部工作时所产生的一种激光，聚焦点的照射温度超过玻璃爆炸的温度，使玻璃产生爆裂，从而形成微裂纹，利用这种设计使微裂纹按照排序规则，实现一种白色激光内雕。白色激光内雕利用激光器，将激光聚焦点在玻璃内部，产生炸裂点，通过分层次炸裂点实现三维内雕。

着色激光内雕技术是使用激光速度为纳秒至飞秒的激光，由于激光聚焦位置周围的电场强度很高，通过激光诱导的多光子吸收、多光子离子化等反应，在空间实现高度选择性的微结构改性，给予材料特殊的光功能，通过选择性空间的色心控制、离子价态操控及纳米粒子析出实现激光玻璃的着色内雕。

4.1.2　激光内雕原理

激光内雕指的是利用激光对水晶等玻璃制品表面及内部进行文字、图形、图像的雕刻，是激光加工的一种形式。通常见到的工艺品大多不是天然的水晶，而是人造水晶。"激光"则是对人造水晶（也称"水晶玻璃")进行"内雕"最有用的工具。采用激光内雕技术,将平面或立体的图案"雕刻"在水晶玻璃的内部。

激光能雕刻玻璃,它的能量密度必须大于使玻璃破坏的某一临界值,或称阈值。而激光在某处的能量密度与它在该点光斑的大小有关,同一束激光,光斑越小的地方产生的能量密度越大。通过适当聚焦,可以使激光的能量密度在进入玻璃及到达加工区之前低于玻璃的破坏阈值,而在希望加工的区域则超过这一临界值。激光在极短的时间内产生脉冲,其能量能够在瞬间使水晶受热破裂,从而产生极小的白点,在玻璃内部雕出预定的形状,而玻璃或水晶的其余部分则保持原样完好无损。

激光内雕是一种利用激光光束在透明物质内部进行立体雕刻的新兴技术。其利用强激光在玻璃体内部聚焦,在足够高的光强下会产生非线性效应,在焦点处由于短时间内吸收大量能量从而产生白色的爆裂点,同时通过计算机控制爆裂点在透明物质体内的空间位置,雕刻成绚丽多彩的立体图像。

激光内雕的原理主要是利用光的干涉现象,将两束激光从不同的角度射入透明物体(如玻璃、水晶等),准确地交会在一个点上。由于两束激光在交点上发生干涉和抵消,其能量由光能转换为内能,放出大量热量并且将该点熔化形成微小的空洞(类似于放大镜聚焦烧纸实验)。由机器准确地控制两束激光在不同位置上交会,制造出大量微小的空洞,最后这些空洞就形成了所需要的图案,这就是激光内雕的原理。在激光内雕时,不用担心射入的激光会融掉整条光路所经过的直线上的物质,因为激光在穿过透明物体时维持光能形式,不会产生多余热量,只有在干涉点处才会转化为内能并熔化物质。

4.1.3 激光内雕机工作原理

1. 泵浦技术

目前常用有两种技术的激光内雕机。一种是采用半导体泵浦固体如 Nd:YAG(Nd:YAG 晶体称为掺钕钇铝石榴石,是综合性能优异的激光晶体。激光波长 1064nm,广泛用于军事、工业和医疗等行业)的激光技术的内雕机,另一种是灯泵浦,如用半导体激光二极管(LD)或二极管阵列泵浦的固体激光器是目前激光发展的主要方向之一,其泵浦效率高,具有较高雕刻速度,没有耗材,价格高。灯泵浦激光内雕机采用氙灯泵浦 Nd:YAG 产生激光,其雕刻速度较慢,有耗材,需要两到三个月更换一只氙灯,价格相对便宜。

2. 雕刻实现

激光内雕机首先通过专用点云转换软件,将二维或三维图像转换成点云图像,然后根据点的排列,通过激光控制软件控制图像在水晶中的位置和激光的输出。由半导体泵浦固体产生的激光经倍频处理输出波长为 532nm 的激光。

激光束经扩束镜扩束后,再射到方头里振镜扫描器的反射镜上,振镜扫描器在计算机控制下高速摆动,使激光束在平面 X、Y 两维方向上进行扫描形成平面图像。三维图像靠振镜及工作台的联合动作实现。通过镜头将激光束聚焦在加工物体的表面或内部,形成一个个微细的、高能量密度的光斑,每一个高能量的激光脉冲瞬间在物体表面或内部烧蚀形成雕刻。经过计算机控制连续不断地重复这一过程,预先设计好的字符、图形等内容就永久地蚀刻在物体表面或内部(图 4-1)。

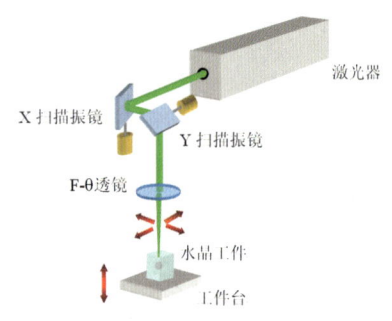 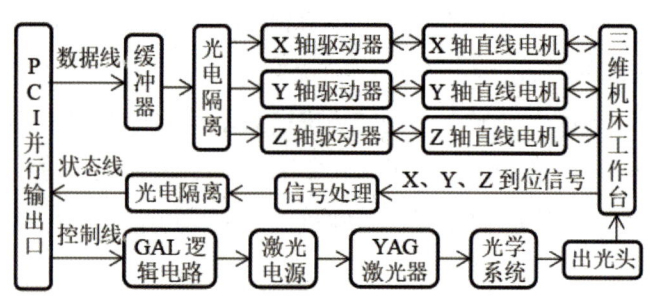

图 4-1　激光内雕机工作原理　　　　图 4-2　激光内雕机系统组成

4.2　激光内雕机结构及分类

4.2.1　激光内雕机工作原理及组成

激光内雕机系统组成框图如图 4-2 所示。

直线电机在计算机控制下，带动 X 轴、Y 轴、Z 轴三维机床工作台在空间内作位置移动，从而在空间上形成一定的轨迹曲线，通过计算机控制出光头出光，可进行各种工件加工。计算机经过插补运算输出的 6 位数据信号经缓冲器，光电隔离后送入伺服驱动器中，它们分别是 X 轴脉冲信号、X 轴方向信号、Y 轴脉冲信号、Y 轴方向信号、Z 轴脉冲信号、Z 轴方向信号。其中，脉冲信号控制电机所走的步数，方向信号控制电机正反转，以完成各轴的位置控制。X 轴到位信号检测、Y 轴到位信号检测和 Z 轴到位信号检测是 3 组机械开关，通过开关的闭合，可使系统每次复位时进入参考系坐标原点。3 位状态信号经逻辑电平整形电路、光电信号隔离电路后，送入计算机状态寄存器中，由 CPU 随时读出。GAL 逻辑电路由可编程逻辑器件组成，该逻辑电路生成 RS 锁存器，计算机通过 RS 锁存器、光电隔离电路控制激光电源产生高压脉冲串，由高压脉冲串控制光路形成激光束，从而使激光头出光。硬件设计时采用了隔离措施，既隔离了外界对数字信号的干扰，又能有效地防止过电压、过电流等外界突发事件对计算机系统的损坏，大大提高了系统的控制精度和可靠性。

4.2.2　激光内雕机结构原理

激光内雕机是利用激光内雕技术，结合传动系统、伺服系统等机械结构设计，其传动系统由步进电机、滚珠丝杠、平面工作台、限位开关组成。步进电机负责将工件通过三轴传动进行移动，使工件位于工作台的右上角，能够让激光器进行扫描并工作，伺服系统的驱动器接收到信号后，驱动步进电机进行旋转，使用弹性联轴器带动滚珠丝杠进行运动和转动，从而带动工作平台上下、左右、前后运动。其中，限位开关控制工作平台运行距离是否超出工作区域，如果超出距离，将会触碰到限位开关，则伺服系统接收到信号并发出回原点指令，驱动步进电机旋转，丝杠带动工作平台回原点，防止设备损坏。利用方向信号器控制三轴的正反转，完成三轴对点确定的位置控制。三维坐标原点的设定是通过限位开关的极限位置而设定的，也可以通过计算机对原点位置进行偏移。

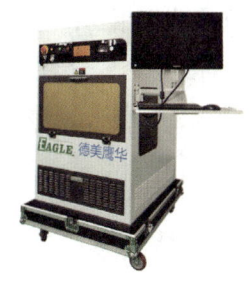 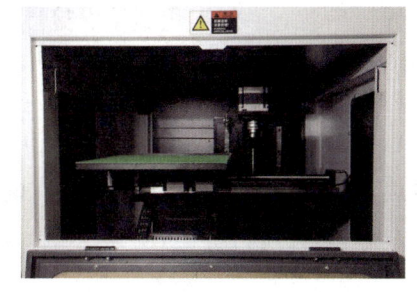 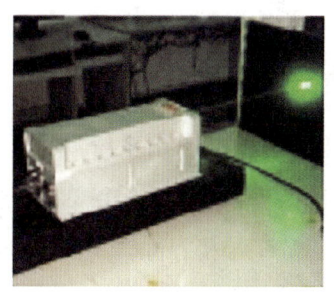

图 4-3　激光内雕机　　　4-4　激光内雕机工作平台运动系统　　　图 4-5　激光器

1. 激光内雕机硬件系统

本书以德美鹰华厂家的 N-3040Q 型号的三维激光内雕机为例，介绍其硬件系统，如图 4-3 所示。

（1）床身系统

钣金一体成型的高强度床身框架，在轻量化的基础上，为运动系统提供稳定的支撑，保证其在运动时能够达到很高的精度、稳定性和耐用性。全封闭式工作舱，拥有优良的操作安全性，同时更加环保。前部可打开的工作舱门，方便上下料。可打开的后门和其他包围部分方便设备维护。紧凑的全集成式设计占地面积小、方便运输、可靠性高。可旋转的计算机操作台，能够适应不同学生的使用习惯，操作更加便捷。

（2）运动系统

运动系统采用进口伺服电机驱动，配合进口高精度丝杆传动，进口直线导轨导向，能够实现高速、高精度的运动，并具有优良的响应性和稳定性。高平整度的工作台面，预置防滑橡胶，保证加工过程中材料稳定不移位。

a）电机

为达到更大的雕刻幅面，激光内雕机采用拼接雕刻技术，即增加 X、Y 轴，为多轴雕刻联动。通过软件控制和平台移动，图片可分块地雕刻。相对于直接雕刻，拼接雕刻的幅面可达 325mm*325mm*140mm。平台的移动会略微影响雕刻速度，因为电机是控制工作平台沿着 X、Y、Z 三个方向移动的电动元器件（图 4-4），所以，虽然可增加加工幅面范围，但电机移动速度相对于激光雕刻速度还是非常慢。

b）控制板卡

控制板卡主要是用来控制平台的运动，可靠的控制板卡可以保证完美的图案拼接效果。

（3）激光系统

激光系统采用高品质光纤耦合窄脉宽端泵浦激光器，恒温变频风冷，光束质量好，加工效率高，稳定可靠。高性能振镜系统能够很好地平衡加工效果和效率，高质量的聚焦透镜最大限度保证聚焦光斑在全加工幅面内的一致性，获得良好的雕刻质量。

激光器使用的是产生环形空心光束的 YAG 激光器（图 4-5）。激光棒规格为 Nd:YAG，4×100mm；脉冲氪灯泵浦，调 Q 晶体是 KDP 晶体，调 Q 类型为电光调 Q，两块全反镜组成光学谐振腔；光束从斜 45 度放置的小孔片中输出。通过小孔片实现了在腔内变换输出脉冲空心光束，输出的光束经扩束镜扩束，经过一系列的分光镜，在每片分光镜后各有一组聚焦透镜，聚焦的光束和玻璃相互作用，在玻璃内部产生白色斑点。激光器是激光内雕机的核心，光束质量决定了打点形状的好坏。

（4）计算机控制系统

为确保设备能够稳定可靠地高效运作，N-3040Q三维激光内雕机配备一台适合工业环境、速度快、性能可靠的工控机，配合高品质的电气零部件，遵从严格的国际电气标准，使设备拥有优良的运动控制性能，以及出色的稳定性和可靠性。

（5）电源

外接电压和电流是家用的 AC220V±10%/5A；交流电频率为50Hz；可靠接地。设备激光的供电和电机的供电不一样，所以需要另外配备稳定电源给其供电。

2. 激光内雕机的软件系统

内雕机软件一共有2个，分别是算点软件和雕刻软件。

（1）算点软件：用于将3D模型和平面图形转换成点云图（点云图即为点阵位置图，图形是由点阵排列形成的）。

（2）雕刻软件：内雕机雕刻软件用来控制内雕机雕刻运动控制。

两个软件的操作步骤：先将要雕刻的图形导入算点软件中进行点云转换，再将点云图导入切割软件中进行技术切割，切割完后将保存的文件再导入雕刻软件进行雕刻。

3. 激光内雕机类型

市场上各公司推出的激光内雕机型号参数对不同产品之间差异影响较大的因素是激光器类型。激光内雕机组成元件有很多，最关键的元件为激光器。其分类方法较多，一般是按照激光工作介质分类，主要分为气体激光器、光纤激光器和半导体激光器等。

（1）气体激光器

气体激光器是利用气体作为工作物质产生激光的器件，一般包括放电管内的激活气体、一对反射镜构成的谐振腔和激励源三个部分。这种激光器的激励方式主要是电激励、气动激励、光激励和化学激励等，最常用的是电激励，在放电条件下，利用电子碰撞激发气体粒子产生激光。这种激光器结构简单，操作方便，成本低，工作介质均匀，输出的激光单色性好且能长时间稳定连续地工作，目前广泛应用于工农业、医药、精密测量、全息技术等领域，市场占有率很高。

（2）光纤激光器

光纤激光器是用掺稀土元素的玻璃光纤作为增益介质的激光器，在泵浦光作用下，光纤内很容易形成功率密度升高，造成激光工作物质的激光能级"粒子数反转"。适当加入正反馈回路（构成谐振腔），便可形成激光振荡输出。其特点是结构紧凑简单，小巧灵活，可借助光纤的良好柔韧性，转换效率高，激光阈值低，能在不施加强制冷的情况下连续工作，耦合作用效率高，因为它们所使用的激光介质本身就是一种导波介质。光纤激光器可广泛应用于激光光纤网络通信、激光空间远距通信、激光雕塑和精密打孔等技术设备及各种激光医用器械整机的小型化和重量化乃至便携式灵巧系统，还可用于金属雕塑。

（3）半导体激光器

半导体激光器又称为激光二极管，以半导体材料作为工作物质，激励方式有电注入、电子束激励和光泵浦三种。半导体激光器件可分为同质结、单异质结、双异质结等。同质结激光器和单异质结激光器在室温时多为脉冲器件，而双异质结激光器室温时可实现连续工作，这类激光器具有体积小、使用寿命长、结构重量轻、输入功率低等特点，可以直接调制，结构简单。半导体激光器已广泛应用于激光通信、光存储、光陀螺、激光打印、测量距离及雷达等工作。激光内雕行业的半导体激光器主要分为电光调激光器和声光调激光器两种。

电光调激光器因为脉宽较短，功率稳定，所需峰值功率不高，所以每个爆炸点都比较精细，每个脉冲所产生能量都能达到水晶的爆炸临界值，因此一般玻璃都能打进去，主要应用于水晶内雕行业。通常工作频率在1000Hz以下的激光内雕机采用电光调激光器。

声光调激光器脉宽较长，所需峰值功率较高，当峰值功率不高或水晶有杂质都可能造成峰值功率达不到爆炸点而漏点。通常3000Hz以上的激光内雕机采用声光调激光器。

4.3 激光内雕加工工艺及设备操作

4.3.1 激光内雕加工工艺

水晶内雕既可以雕刻二维数据，又可以雕刻三维数据，然而二维数据和三维数据的来源不同，数据格式不同，所以在操作中要分开考虑。

1. 二维数据获取

目前二维数据的获取较容易，比如手机的照相功能。二维图片的格式一般为 .jpg 或者 .bmp。

2. 三维数据获取

（1）三维建模

三维数据的获取相对二维数据来说提高了难度。其中一种方法就是三维建模。目前市面上三维建模软件很多，技术也相对成熟，比如 3DsMAX、Zbrush、Maya 等。通过三维建模，可以得到不受现实空间限制的任何图像。

激光内雕机的打点软件识别的文件类型为 .obj，所以生成的 .max 文件要经过渲染来处理，生成激光内雕机识别的文件格式。

（2）三维相机采集

三维数据另外一种获取方式就是三维相机扫描，可以实现对现实生活中小体积物体进行扫描。三维扫描仪上的两个镜头分别为光栅投影仪和CCD摄像机。该系统主要有三大部分，分别为投影、成像、数据获取与处理。待测三维物体的表面应为漫反射体，首先光栅投影仪将光栅图样投影到漫反射体表面，由于三维物体各点的深度信息不同，会对光栅图样的振幅与相位进行调制产生变形光栅，变形光栅中携带了三维物体的高度信息和深度信息等。CCD摄像机对调制后的光栅图样进行获取，图像采集卡将获取的数据传输至计算机进行处理，通过一定的算法将光栅携带的信息解调出来，得到三维物体的空间坐标信息。由镜头尺寸限制，三维物体的尺寸与距离要满足三维扫描仪的参数。

4.3.2 设备硬件操作

1.N-3040Q三维激光内雕机开机流程（图4-6）。

（1）连接电源，旋转"BREAKER"开关，确认其为弹出状态。

（2）顺时针旋转钥匙开关，从"STOP"到开关正中，此时钥匙开关显示为蓝色指示灯。

（3）再顺时针将钥匙开关从正中转到"START"位置，然后松开钥匙开关，钥匙开关会自动恢复到正中位置。此时钥匙开关指示灯显示绿色。

（4）启动工控机电脑。启动工控机前应确认加密狗已插入USB接口，否则，控制软件将无法正常使用。

（5）打开雕刻软件，如图4-7所示。

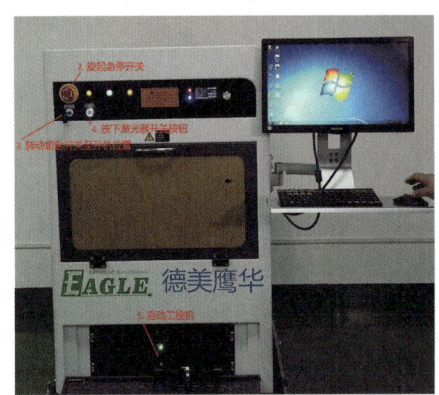

图4-6　开机步骤

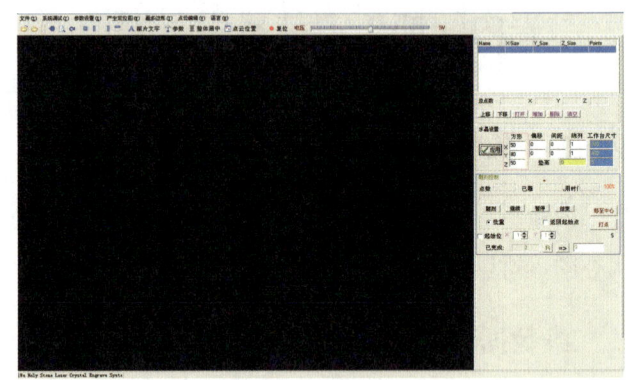

图4-7　软件界面

（6）点击雕刻软件中复位按钮，此时工作平台移动到初始位置。

开机过程中如果遇到任何问题，应及时按下急停开关，中断设备的启动过程，排查并解决问题后，再尝试重新开机。

激光器的最低工作温度为5℃，低于该温度时激光器无法正常启动，可用吹风机等外力加热帮助低温环境下启动。加热时应从激光器后部散热口均匀加热，切勿针对一点长时间加热，造成激光器损坏。

2.关闭内雕机（图4-8）。

（1）关闭工控机。

（2）按下激光器开关按钮，关闭激光器，等待激光器状态显示屏熄灭。此时务必等待激光器状态显示屏熄灭（该过程可能耗时数十秒）后再进行后续操作，否则，可能会造成激光器故障。

（3）转动钥匙开关至关机位置。

（4）按下急停开关。

（5）断开电源。上述步骤完成后，电脑主板仍会上电，造成其USB接口持续供电，可能会造成后续开机时无法识别加密狗，影响系统正常使用。

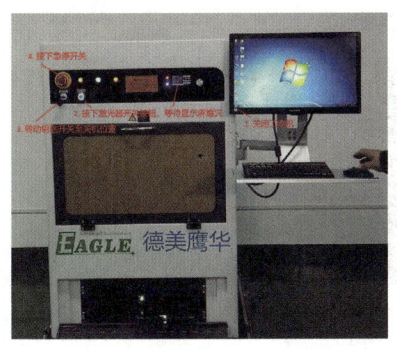

图 4-8　关机流程

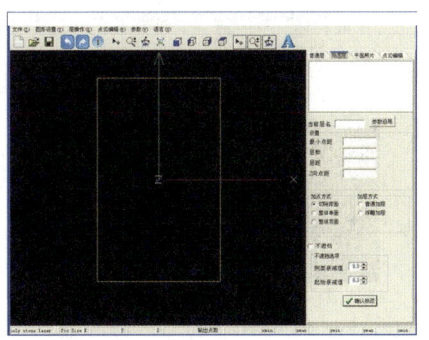

图 4-9　算点软件界面

4.3.3　激光内雕软件操作

内雕机的操作流程依托"算点软件"和"雕刻软件"协同完成，主要分为三个阶段：模型转换、路径规划与雕刻执行。首先，需在算点软件中导入 3D 模型或平面图形（如 .jpg、.bmp 等格式），根据雕刻需求调整点密度、分布模式等参数，生成由密集点阵构成的三维点云图并保存。然后，将点云文件导入雕刻软件，此时软件会执行"雕刻"功能。最后，通过雕刻软件连接内雕机硬件，将处理后的指令文件传输至设备，启动雕刻程序并实时监控进度，直至完成作品。

（1）算点软件

雕刻 3D 模型时，可使用设备附带的 3D 模型库，或在网上自行寻找合适的 3D 模型文件。3D 模型务必是 OBJ 格式，且带对应的纹理文件。使用 3DMAX 自行制作 3D 模型，导出时务必选择 OBJ 格式，并同时生成纹理，否则在雕刻时无法得到良好的效果。使用 3D 扫描仪扫描生成 3D 模型时，同样选择 OBJ 格式，并同时生成纹理。

雕刻图片时，可使用设备附带的图片库，或在网上自行寻找合适的图片文件，BMP 格式效果最好，JPG 格式效果稍差。自行制作图片时，尽量保存为 BMP 格式。算点软件是用于将 3D 模型或平面图形转换成点云图（点云图即为点阵位置图，图形是由点阵排列形成的）。

a）启动软件

启动软件后，界面如图 4-9 所示，如果后续操作中发现无法修改水晶尺寸，可退出并重新启动软件，即可解决问题。

b）打开文件

打开 3D 模型 OBJ 文件，在纹理设置中加载纹理。打开 BMP 或 JPG 图片文件，如图 4-10 所示。

c）图形居中

图形导入后，经常显示在软件视图区域外，使用图形居中功能将其居中即可，如图 4-11 所示。

d）设置水晶尺寸

根据水晶的实际尺寸设置软件中的水晶尺寸，点击图形设置中的基本设置（图 4-12 所示）。水晶的实际尺寸可能与标称尺寸间存在误差，如果对加工精度要求较高，需测量实际尺寸并填写真实值，具体设置如图 4-13 所示。

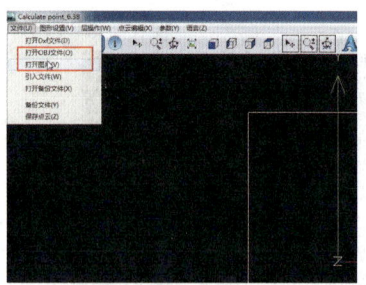
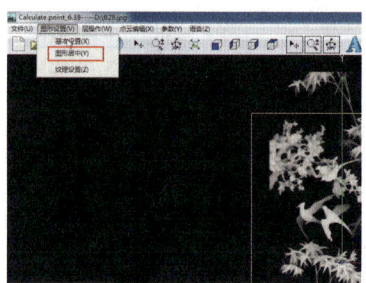

图4-10　打开文件　　　　　图4-11　图形居中

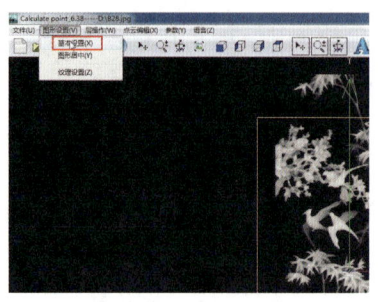
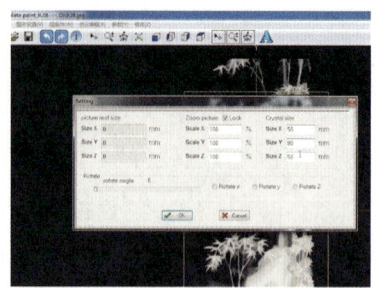

图4-12　基本设置　　　　　图4-13　水晶尺寸设置

e）图形缩放

根据水晶尺寸对图形进行缩放。缩放时注意图形距离水晶边缘要大于5mm，避免水晶在图形边缘处开裂，点击层操作中的缩放层再点击整体缩放（图4-14）。

f）设置算点参数

点参数的具体设置如图4-15所示加工3D模型时，最小点距参数在0.065～0.1，建议设置为0.075或0.08，层数设置为3或4，加点方式设置为切除背面为180°算点，整体单面为360°算点，只取前面。

加工图片时，最小点距参数在0.065～0.1，建议设置为0.075或0.08，层数设置为6或11，加层方式必须选择凸型加层。参数设置完成后确认修改。还可根据效果需要，调整图形的亮度、对比度和锐度。但图形亮度不要过大，即图形不能过白，否则在雕刻时可能造成水晶打爆的情况。

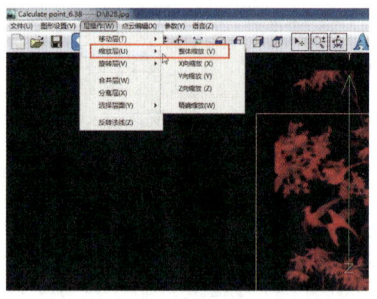
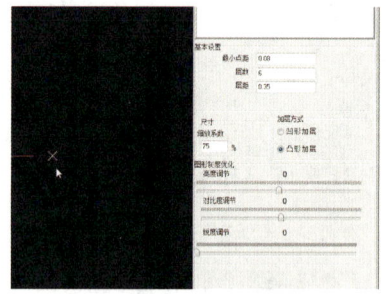

图4-14　图形缩放　　　　　图4-15　算点参数设置

g）生成点云

设置完成后生成点云，如图4-16所示。生成点云完成后，先查看下方状态栏显示的点数，点数如果过大，可能会造成水晶打爆的情况。

h）保存点云

保存点云文件（图 4-17），为后续在打点软件中雕刻输出做好准备。

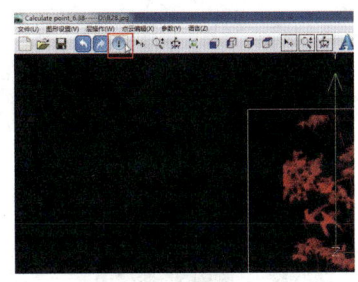
图 4-16　生成点云

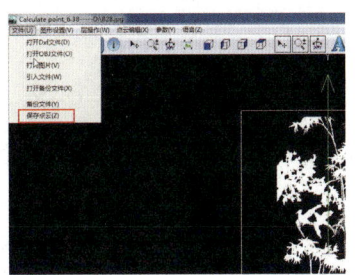
图 4-17　保存点云

（3）雕刻软件

雕刻软件运用于控制机器的雕刻动作，软件界面如图 4-18 所示。软件主要解决的问题是将图形按照预设的位置要求雕在水晶里面。

a）雕刻软件运用于控制机器的雕刻动作，软件主要解决的问题是水晶的雕刻摆放位置和图形在水晶里面的位置设置。围绕这两个主要问题介绍雕刻软件的操作步骤。

b）操作步骤说明

①机器和激光开启后，双击雕刻软件，打开雕刻软件。点击"复位"。此时工作台将进行复位，移动到达系统原点。每次重新打开雕刻软件都要进行此次操作，以保证软件系统原点和工作台原点匹配。

②在工作台上用激光画出水晶的大小，以此为水晶摆放的位置。以水晶尺寸 50mm×80mm×50mm 为例，根据水晶的实际尺寸设置软件中的水晶尺寸。水晶的实际尺寸可能与标称尺寸间存在误差，如果对加工精度要求较高，应测量实际尺寸并填写真实值。水晶尺寸应用设置如图 4-19 所示。

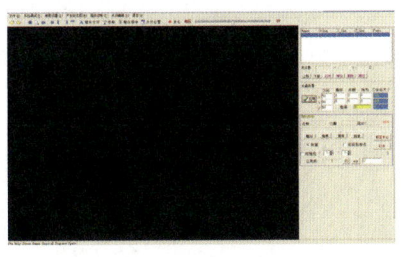
图 4-18　雕刻软件界面

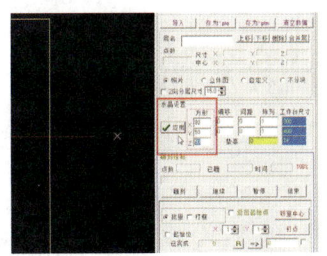
图 4-19　水晶尺寸设置

③将水晶摆放好在平台的右上角，如图 4-20 所示。

④点击文件，选择要雕刻的平面图片或打开 *dxf*pte 文件（图 4-21），pte 表示保存的加工文件参数可修改（此处的 dxf 文件必须是形成点云的文件）。

图 4-20　水晶摆放　　图 4-21　点云文件导入

⑤可以通过更改菜单栏中的点云编辑来设置图形在水晶里面的位置，点击"居中"即雕刻出来的图形在水晶的中间（图4-22）。

⑥设置加工方式，3D模型选择立体图，图片选择照片，如图4-23。

⑦调整电压值，调节软件中的电压值，如图4-24，直接影响工作电流值，每台设备有其最佳值。

⑧在图形位置设置完成后，点击雕刻，如图4-25，机器将按照任务栏中的图形顺序，依次雕刻出图形，当工作完成后，软件会跳出"完成"，点击完成。

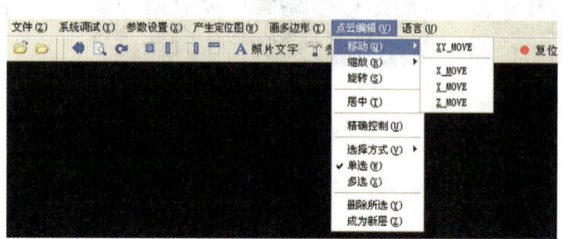

图4-22　点云居中

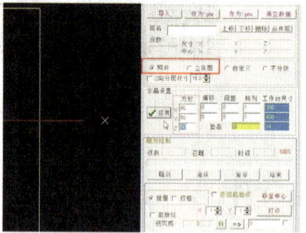

图4-23　加工方式设置

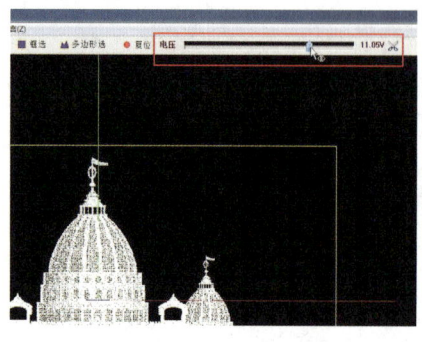

图4-24　电压设置图

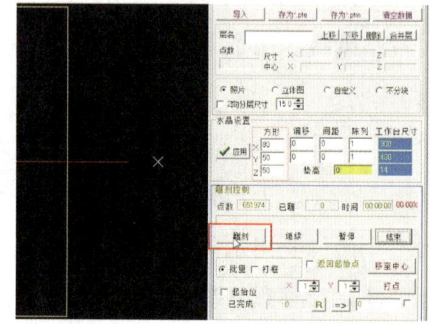

4-25　雕刻加工

4.3.4　加工流程及调试效果

1. 加工流程

从准备水晶材料、处理3D模型或图片以及雕刻输出三个方面讲解内雕加工流程。

（1）准备水晶材料

a）水晶材料的入光面必须洁净无尘，否则将严重影响雕刻效果

在水晶内部雕刻的基本原理是精确的破坏水晶内部的晶格结构，如果能量过小，无法有效达到破坏晶格结构的效果；如果能量过大，会造成水晶内部产生裂纹，因此，需要非常精细地控制激光功率。如果入光面有灰尘或污染，则会直接影响射入水晶内部的能量，导致部分能量不够或部分能量过大，无法达到理想的效果。在水晶材料加工前，务必仔细擦拭水晶材料的入光面，确保洁净无尘。

b）材料入光面必须平整，且保持水平

激光通过振镜扫描射入水晶内部，进入水晶入光面的角度是不固定的，会产生一定的折射。如果材料的入光面不平整，如球面或其他非平面，会造成不规则折射，直接影响雕刻效果。在雕刻异形水

晶时，需要选取一个平整面作为激光入光面，同时，需要合适的工装来放置材料，保证入光面水平，即与工作台面平行。

（2）处理 3D 模型或照片

a）用算点软件处理 3D 模型或照片。

b）3D 模型或照片应当缩放至合适的大小，与水晶边缘的距离不能小于 5mm，否则容易造成水晶开裂。生成点云后，无法再对点云进行缩放，因此，务必在生成点云前进行调整。

c）算点参数需试验出合适的值，以取得良好的雕刻效果。

（3）雕刻输出

a）用雕刻软件载入点云进行雕刻输出。

b）雕刻加工前必须进行复位，避免雕刻时错位。另外，设备要正确设置其精确的雕刻电压值，以取得最佳雕刻效果。

2. 调试内雕效果

（1）水晶内雕是通过激光破坏水晶内部的晶格结构，形成视觉上极微小的白点，由数十乃至一两百万个点组成图形，不同区域不同密度的点产生明暗效果，得到最终的内雕图像。

（2）为得到最佳的内雕效果，应当使内雕图像明暗分明，该白的地方足够白，该暗的地方足够暗，这就需要在算点软件中对图像设置合适的亮度、对比度和锐度。

（3）亮度不能设置过大，否则图像整体过白，缺乏层次感，且过白区域点密度过大，可能造成水晶内部晶格连续破坏，形成可见裂纹。图像对比度不能过低，否则图像整体明暗区别过小，缺乏层次感，美观度不够。

（4）内雕图像都有一个最佳观察面，称之为正面，与之相对的背面如果也有比较高的亮度，从正面观察时，过白的背景可能会影响观察效果，造成层次感不佳。所以应在算点软件中采用"切除背面"或"整体单面"的加点方式，仅生成图像正面，得到最佳视觉效果。

（5）在处理照片时，为从原始的平面图像上得到最佳的视觉效果，务必在算点软件中选择"凸型加层"的加层方式。

4.3.5 注意事项

1. 注意事项

（1）主机提前预热 2-3 分钟，控制柜连接正常，激光光路正常，加工基体材料保证平整地粘贴在台面上。

（2）启动内雕机后，先打开雕刻软件进行复位。

（3）以下 3 种情况下必须复位：a）断电后重开；b）雕刻软件关闭后重开，否则放水晶的平台位置没在初始位置；c）工作台碰触限位开关。

（4）每次工作完成后，首先做好环境的清洁，使工作环境无尘、洁净；主控柜的外表面、工作台面等要无杂物、无尘、洁净。

（5）防止激光辐射：激光内雕机采用封闭的激光光路设计，可以有效地防止激光辐射的泄漏；在激光器开机过程中严禁用眼睛直视出射激光或反射激光，以防损伤眼睛；工作时需佩戴防护眼镜。

（6）设备在不工作时，需切断电源。电源的保护地线要有良好的外部接地。必须是对机器的性能和操作都很熟悉的人员才能在电气设备上进行工作。尽可能只用一只手操作电气设备，以防止电流在人体上构成回路。

（7）内雕机周围禁止堆放杂物；不能把易燃材料放置到光路上或激光光束有可能照到的地方；若激光束照射到易燃材料，会引起火灾甚至爆炸。

2. 日常维护内容

（1）环境清洁。设备周围应当保持清洁，不要堆放材料和废料，及时清扫垃圾。

（2）设备外观清洁。设备外观应时常用干净的软布擦拭，保持清洁。

（3）工作台面清洁。工作台面务必保持清洁，避免污染待加工水晶。

（4）运动系统零部件上油保养。运动系统丝杠和导轨应时常上油，保持良好的机械状态。

4.4 激光内雕机的应用和操作实践

4.4.1 激光内雕机的应用

水晶雕饰件逐渐走入生活，如水晶钥匙扣、水晶汽车挂件、水晶衣服吊坠等。激光内雕机主要用于水晶工艺品的制作，其既可生产大型水晶内雕工艺品，亦可批量化生产小型水晶饰品。

激光内雕机已广泛应用于内雕行业，生产出的内雕饰品种类越来越多。相对于水晶内雕产品来说，采用大型激光内雕机生产单件小型水晶内雕饰品存在设备运维成本高、生产成本高、设备生产效率低等问题。既能批量化生产小型水晶内雕饰品，又能利用迷你激光内雕机为客户完成个性化产品定制，将有效提高企业竞争力，形成新的利润点。

使用激光内雕机是工艺品内雕加工最简便快捷的方法，能够在不损伤玻璃工艺品表面的情况下对内部任何位置进行设定激光打点加工。激光对玻璃制品的聚焦需要点位，使激光对焦处的激光能量温度刚好达到水晶爆炸温度。由于激光焦点之外的位置能量没有达到玻璃的爆炸温度，因此不会产生变化。通过对计算机精确方位控制，在玻璃制品内部位置产出设定图案，该图案可以是平面图案也可以是三维图案。早期水晶手工艺品制作方法主要有工位机和振镜机。工位机是水晶工艺品被粘在工作台平面上、由X、Y、Z三个轴向运动电机分别带动丝杠工作，丝杠将电机的旋转运动转化为工作平台沿X、Y、Z三个轴向平移运动。这种雕刻模式通过移动工作台来进行雕刻，电机运行时的负载不仅有工作台重量，还需要加上工件重量，若工件质量太轻或太重、工作台移动速度太快都会造成工件因惯性因素产生偏移，导致雕刻不精确，出现重雕等现象，因此工位机的工作速度不能过快。移动速度提不上去，导致这种雕刻机的雕刻速度不能达到理论设计速度，无法进行高速内雕。振镜机是将振镜放在灯泵机上工作，主要以光扫描方式控制光方向，进行控制打点。这种内雕方法不必移动工件，因此速度可以达到设计的理论最大工作速度，可满足3000Hz及以上的频率要求。但因为聚焦镜调焦能力的限制，导致其工作范围很小。使用F=100mm的聚焦镜调焦，工作范围大约是φ60mm。使用长焦距的聚焦镜调焦虽然能使雕刻范围有所增加，如使用F=160m的聚焦镜调焦，工作范围大约是φ110mm，但这又会造成焦距太长，焦深长，导致雕出的点比较细长，从正面看雕刻图案没有问题，而从侧面看图案就显得不够清晰，甚至变形，因此振镜机也无法完全取代工位机。

基于多光子吸收的玻璃激光内雕技术在技术方面已经可实现彩色加工，下一步将会是它的市场化和规模化，在白色激光内雕的发展之后，有理由相信着色以及彩色激光内雕在未来的工艺品市场一定会掀起波澜。目前彩色内雕玻璃的发展主要集中在2个方面。首先，是对颜色的控制。目前已实现了红、黄、紫蓝、灰等色的单色内雕，每一种色彩的深浅都可随意调整。相关研究人员正在积极开发更多的颜色，使得玻璃内雕产品的颜色更加丰富。另外在开展红黄蓝三基色协调研究，使激光内雕图案从单一色彩变为真正意义上的全彩。其次，还要开发新的材料来进一步降低生产的成本。例如前面提到的用铜离子替代金离子利用激光诱导直接产生铜纳米颗粒，相对于传统的制造彩色玻璃内雕的方法，这种方法不但避免了使用金这种价格昂贵的原材料，另外也省去了后续的热处理步骤，大大降低了产品的制造成本。基于激光诱导的玻璃中CdS等量子点的空间选择性析出控制也是一个很好的方向。此外，彩色激光内雕的原理源于激光作用区域材料微结构的变化，而当这种微结构的线度达到光电集成要求的尺度时，便可用于制造具有各种光电性能的三维集成元器件，进而在微电子和微光子领域实现应用。

4.4.2 激光内雕实践项目

项目一　平面图片水晶钥匙扣激光内雕

1. 教学目标

（1）知识目标：掌握激光内雕加工原理以及设备工作原理，掌握图片算点处理方法，掌握雕刻软件的操作方法。

（2）能力目标：要求学生熟练处理激光内雕平面图片的能力；掌握激光内雕图片工艺参数设置及调整的能力；判断内雕制品的质量。

（3）素质目标：提高学生图片审美水平，培养学生版权和信息安全意识，养成良好的职业素养。

（4）项目目标：学会使用激光内雕机设备进行平面图片内雕；知道处理图片编辑技巧；会用激光内雕机雕刻出理想的效果。

2. 应用场景

水晶钥匙扣可以雕刻自己喜欢的图片或者具有意义的图案。

3. 项目分析

（1）图片形状尺寸：尺寸没有要求，后期处理时可以编辑。由于原材料是水晶钥匙扣，其形状为八边形，故图片的形状可圆可方，XY方向的尺寸比例为1:1。

（2）图片内容：图片内容要求突出主体，并将图片进行黑白处理，且要求主体部分为白色，背景颜色为黑色,后续算点过程中会将图片白色部分计算成点云。

(3)名片材料选择:水晶钥匙扣,水晶部分尺寸为 32mm×32mm×12mm,为八边形。

(4)工艺效果:编辑好的图片可处理成点云,并算点时处理成多层。

4. 建模过程

(1)图片准备

使用一张冰墩墩图片,将冰墩墩主体部分抠出来,并需要处理成黑白色,另外需要通过反相功能将图片主体部分处理成白色,背景颜色处理成黑色,如图 4-26 所示。

图 4-26　图片准备

(2)图片算点

双击打开算点软件(图 4-27),在文件下拉菜单中点击打开图片导入图片(图 4-28)。

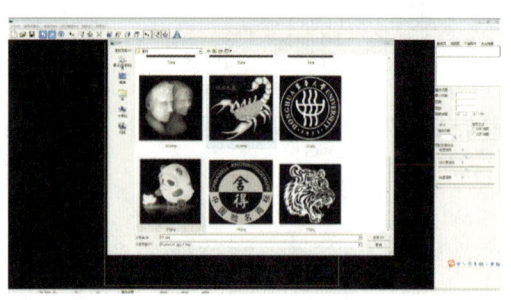 

图 4-27　打开图片　　　　　　　　图 4-28　图片导入

点击文件名选中图片,选中后图案变成红色(图 4-29),然后在图层设置中点击缩放图层中的整体缩放,将图片缩放到黄色方框中合适尺寸(图 4-30),图片的大小要与方框线留出一定的空白。

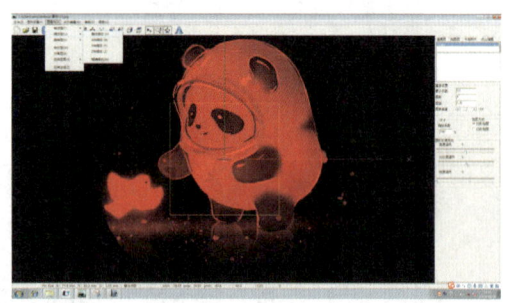 

图 4-29　选中图片　　　　　　　　图 4-30　图片缩放

设置算点参数，其中最小点距为 0.08，层数为 5，层距 0.5，加层方式为凸形加层方式（图 4-31）。点击算点清零，软件会自动将图片白色部分进行算点操作，等待计算完毕（图 4-32）。

 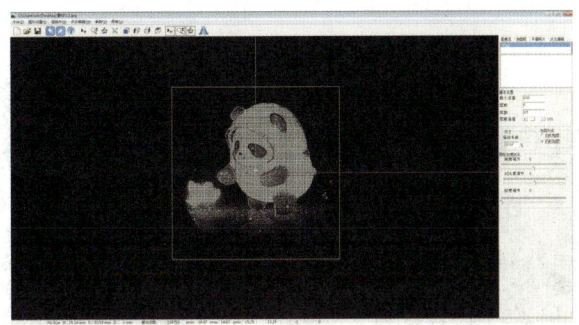

图 4-31　参数设置　　　　　　　　图 4-32　图片算点

点击文件中保存点云，命名为"冰墩墩.dxf"（图 4-33）。

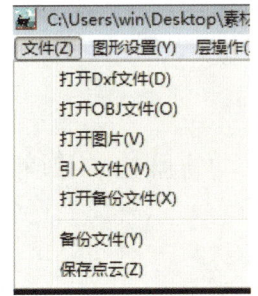 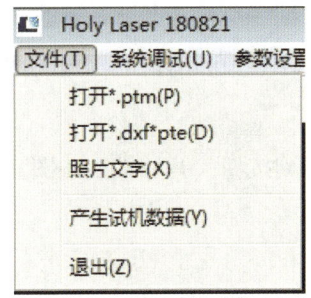

图 4-33　保存点云　　　　　　　　图 4-34　点云文件导入

（3）雕刻软件操作

双击打开雕刻软件，点击复位，等待工作平台回到初始位置。

点击文件打开"冰墩墩.dxf"文件（图 4-34），将算点软件中保存的点云文件导入雕刻软件中。

在材料放置时需要将材料放置在工作平台的右上角，为了保证材料能够方便放在右上角，工作平台的右边和前边加装了挡板，放材料时只需要将材料贴着两块挡板即可，这样能保证材料的中心与系统坐标系的中心重合。因为被加工材料有上下之分，而且材料上方有挂环，会影响到材料上边与挡板无法贴合，所以建议将材料上下方向放置在右上角，保证材料中心与系统中心重合，此时必须将图片旋转 180°。点击文件名选中点云文件，在点中点击精确控制，弹出精确编辑窗口，如图 4-35 所示。在窗口中的旋转和 Z 对应一栏中输入 180，然后点击旋转并退出窗口（图 4-36）。

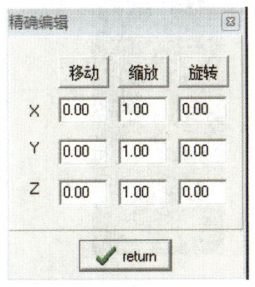 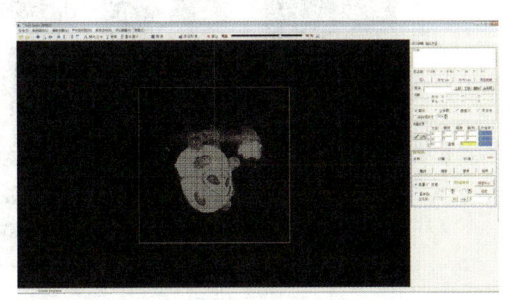

图 4-35　精确编辑　　　　　　　　图 4-36　旋转 180°

在算点时软件系统自动将图片中心与系统坐标系原点重合，但是点云的中心与图片中心往往不是重合的，为了保证点云中心首先要与系统坐标中心重合，需要将点云进行居中操作，在点云编辑中点击居中命令（图4-35），最后结果如图4-36所示。

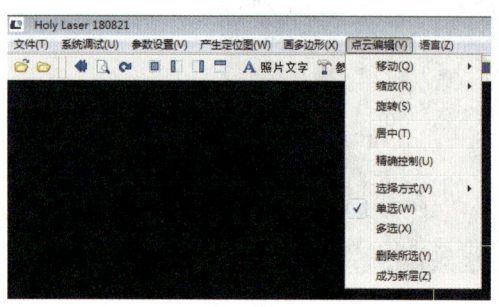

图4-35 点云编辑　　　　　　　　　图4-36 点云居中

（4）水晶钥匙扣摆放

在放置水晶之前，先使用无尘布将水晶钥匙扣表面擦干净，再将水晶钥匙扣带有挂链一面朝外放置到工作平台右上角，抵住右边和前边的挡板（图4-37）。

（5）加工

在雕刻软件中点击雕刻按钮，开始加工（图4-38）。等待加工结束即可。

5. 成品展示（图4-39）

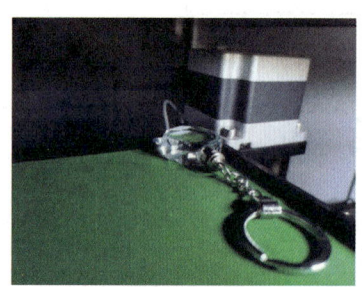  

图4-37　摆放水晶辑　　　图4-38　水晶加工　　　图4-39　加工成品

6. 作品赏析（图4-40）

图4-40　学生作品赏析

项目二　三维图案立体水晶激光内雕

1. 教学目标

在课程教学、管理模式的基础上将思政元素多元化进行融入，让现有的教学环节、教学内容、教学管理与思政元素有机融合；将爱国主义主题教育、中华优秀传统文化、精益求精、勇于创新等观念融入实习教学内容中，以进一步提高学生的创新设计能力、加深学生的爱国主义情感和对社会主义核心价值观的认同。

2. 课程设计思路

工程训练课程主要基于制造业加工基础理论，利用激光内雕特种加工方法在水晶内部雕刻模型，其教学模式是在理论知识学习过程中锻炼学生动手实践能力，包括掌握激光加工、材料科学等相关理论知识，基本仪器的使用和操作等相关实践能力。指导教师在讲授课程过程中需结合道德伦理知识、道德规范与责任，让学生在得到工程训练的同时，树立正确的人生观、价值观，拥有强烈的爱国情感和明确的社会责任感，达到"立德树人"的育人目标。

3. 教学方式方法

教学内容：利用内雕成品展示、多媒体课件讲解、内雕成品制作示范与完成实习报告等形式，让学生迅速掌握激光内雕技术原理、学会运用激光内雕技术。同时为充分培养学生对民族文化的热爱，以小组形式，制作出中华优秀传统文化主题作品。

教学方法：采用"思政类产品入高校"的方式，以产促教，以产养教，以产优教，坚持生产为教学服务，确保教育教学质量的前提下，促进实训的低成本运作。

教学素质培养：将勤俭节约、爱护设备等思政元素融入教学管理中，在"激光内雕技术"与实践课程安全注意事项讲解过程中，穿插引入实习材料的合理规划将有利于绿色发展、良性循环的社会发展模式，设备的爱护应该作为学生必备的工程素质等观念。

4. 激光内雕加工过程

激光内雕加工过程主要包括图形设计、点云数据生成和激光雕刻操作3个步骤。

（1）图形设计

可以使用多种三维设计软件进行图形绘制，如UG、Solidworks、3dsMax等。采用Solidworks软件进行模型设计，设计完成后的图形如图4-41所示，将其导出为Step格式文件，然后使用其他软件转换为激光内雕软件所能读取的文件格式进行保存，文件名为：图书馆.obj。

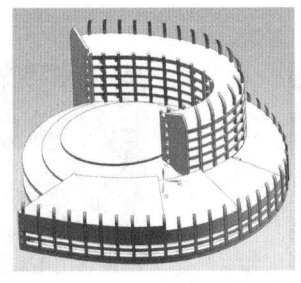

图4-41　图书馆三维图形

(2) 点云数据生成

打开激光内雕机后,在算点软件（CalculatePoint）中打开图书馆.obj文件。打开后发现模型文件的大小和位置不符合加工的要求,需要进行相应的调整。首先需要在基本设置中设置好水晶的尺寸,采用50mm×80mm×50mm的水晶进行雕刻,设置完成后（图4-42）,通过旋转、缩放和图形居中设置好模型的位置和大小,使得三维数据文件位于水晶块的合适位置（图4-43）,切换不同视角进行观察,要求模型在各个视角下都不能超出水晶边界,且目测其与边界有合适距离即可。

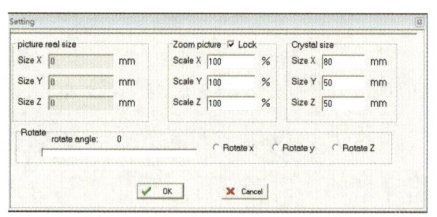

图4-42 设置水晶尺寸

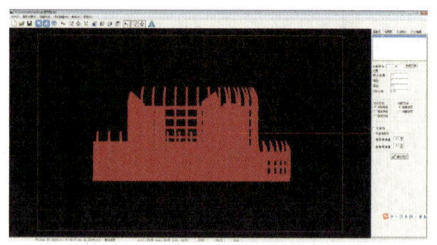

图4-43 调整图形的尺寸

接下来在窗口右侧进行如图4-44所示的参数设置,参数设置完成后,先点"确认修改",然后点击工具栏"鼠标清零"进行点云计算。计算完成后（图4-45）,在下方状态栏中会显示此文件的图形点数。最后在文件菜单栏中点击"保存点云",将计算好的点云文件保存为:图书馆.dxf。

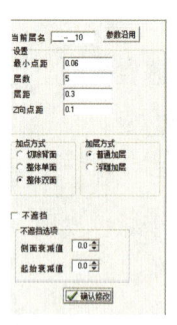

图4-44 点云参数设置

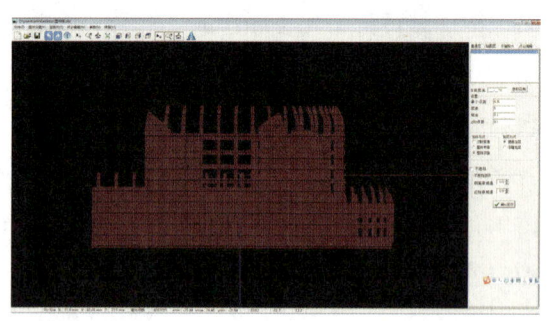

图4-45 计算点云

(3) 激光雕刻

在雕刻软件（CrystalLaser）环境下,打开图书馆.dxf文件。首先在右侧设置好雕刻参数（图4-46）,点击"应用"。如果需要在水晶中加入文字,可以点击平面文字界面,在窗口中输入"东华大学图文信息中心",然后设置好参数如图,并计算点云,然后将文字调整到合适的大小和位置,方法同上。设计完成后的最终模型如图4-47所示（注意模型在X轴和Y轴中的位置）。

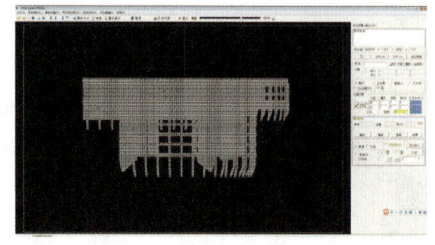

图4-46 设置雕刻参数

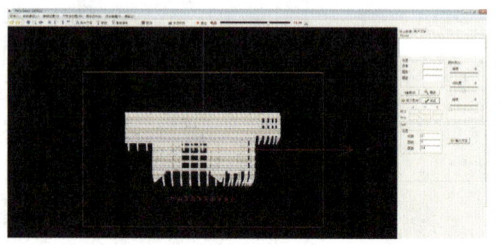

图4-47 添加文字信息

然后将水晶上表面擦拭干净后放入工作台右上角（注意放置方向，参见图4-48），最后将电压调到10V左右，点击"雕刻"，此时内雕机将执行雕刻命令进行作品加工（图4-49），加工好的作品如图4-50所示。

图4-48　水晶摆放

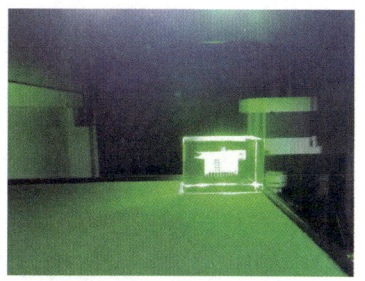
图4-49　水晶加工

图4-50　加工成品

5.作品赏析（图4-51）

图4-51　学生作品赏析

第五章　激光焊接技术与实践

介绍激光焊接设备结构、工作原理，使学生了解激光焊接的优缺点，并通过激光焊接教学实践案例的学习及实践操作，切身体会到激光焊接技术的应用前景。

任务一：掌握激光焊接设备结构、工作原理和工艺参数的设定；
任务二：激光焊接设备操作流程和防护措施；
任务三：激光手动焊接教学实践案例；
任务四：激光自动化焊接图形控制软件操作教学及综合实践案例。

激光焊接广泛应用于汽车、航空航天、电子、通信等行业。例如，在汽车制造中，激光焊接可以用于焊接车身、轮辋、发动机等部件；在航空航天领域，激光焊接可以用于焊接飞机零部件、卫星结构等；在电子、通信行业中，激光焊接可以用于焊接电路板、电子元件等。

激光焊接的应用不仅可以提高焊接质量和效率，还可以降低生产成本和环境污染。因此，激光焊接技术在现代制造业中越来越重要。

5.1　激光焊接原理与分类

5.1.1　激光焊接的原理

激光焊接技术主要运用特定的方法手段，将介质转化为受辐射的光束，在与材料接触的过程中，受辐射的光束产生能量被材料吸收，当吸收能量达到一定的程度，材料温度达到材料的熔点，这时材料就粘到一起了，此过程即为激光焊接技术的原理，如图 5-1 所示。

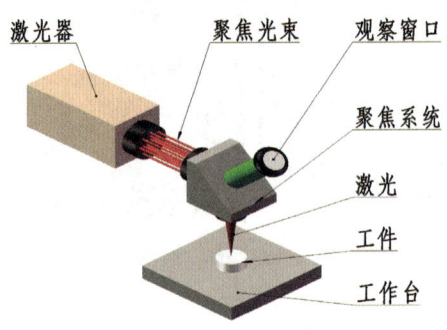

图 5-1　激光焊接原理

激光焊接是一种高能量密度、高速度、高精度的焊接方式，其原理是利用激光束照射在工件上，使工件表面吸收能量，产生局部融化或熔化，从而实现焊接的目的。其本质上是非透明物质和激光相互作用的过程，整个过程是极其复杂的反应过程，宏观上表现为熔化、吸收、汽化和反射，微观上是一个量子过程。它的优点是焊缝狭窄、热影响区小、焊缝形态美观、焊接速度快等。

激光焊接的过程中，激光束经过准直透镜和聚焦透镜，聚焦成直径很小的光斑，光斑内的能量密度非常高。当光斑照射到工件表面时，工件表面的材料吸收激光能量，发生熔化或蒸发，在短时间内形成一个小孔。随着激光束的移动，小孔不断向前，同时边缘的材料也被熔化或蒸发，形成了一个焊缝。激光焊接的能量密度非常高，可以使工件表面的材料迅速升温，瞬间融化或蒸发。因此，激光焊接的过程中需要控制激光束的能量和焊接速度，以确保焊接质量。

5.1.2 激光焊接分类

如图 5-2 所示，激光焊接可以分成很多种，根据实际作用在工件上的功率密度或激光焊接时焊缝的成形特点，可以把激光焊接分为热传导焊接和深熔焊接两类；根据激光对工件的作用方式或激光束输出方式的不同，可以把激光焊接分为脉冲激光焊接和连续激光焊接，前者形成一个圆形焊点，后者形成一条连续的焊缝。脉冲焊接时，输入到工件上的能量是断续的、脉冲的；按照焊接类型还可以分为激光填丝焊接、激光点焊以及激光 – 电弧焊接。

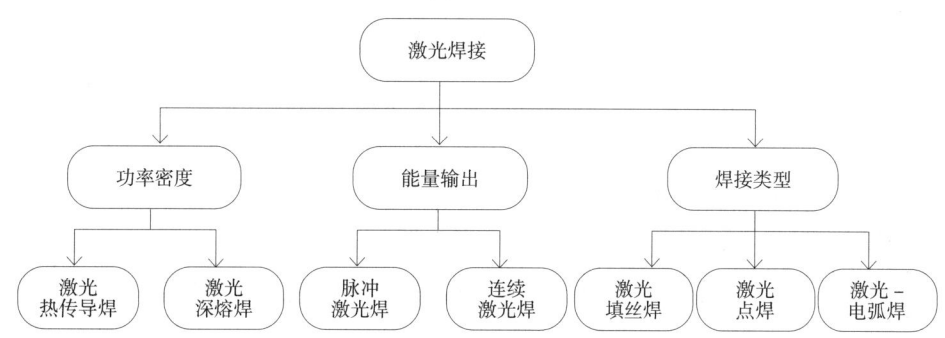

图 5-2 激光焊接分类

1. 按照焊接形式分类

根据焊接形式，激光焊接可以分为热传导焊接和激光深熔焊接两种。

（1）热传导焊接

热传导焊接是指激光束通过光纤、反射镜等传输到工件表面进行焊接，其焊接深度一般在 0.5 ~ 2mm，适用于焊接较薄的材料。

当激光照射到工件表面时，表面热量通过热传导向内部扩散，工件表面温度达不到材料的沸点，光束不能通过熔化金属直接加热下层固态金属。下层金属吸收的光能变成热能后，通过热传导将工件加热熔化，形成的焊缝类似氢弧焊焊缝，无小孔效应。焊接过程与非熔化极电弧焊相似，熔池形状近似为半球形，其使用的功率密度较低，一般在 10^4~10^5W/cm² 量级，使被焊接金属表面既能熔化，又不会气化，激光照射区和熔池周围边缘之间存在温度差，从而引起表面张力梯度，产生熔化金属的对流而形成，熔深较浅，如图 5-3a 所示。

（2）激光深熔焊

激光深熔焊接是指激光束通过光纤、反射镜等传输到工件表面进行焊接，但焊接深度比传统激光焊接更深，一般在 2～10mm，适用于厚度较大的材料。

激光深熔焊接需要的激光功率密度在 10^6~10^7W/cm^2，激光深熔焊接的机理与电子束焊接的机理相近。当激光束照射金属焊缝表面，由于激光功率密度足够高，金属在激光作用下温度迅速增加，其表面温度在极短时间内升高到沸点，使金属熔化或气化，产生的金属蒸汽以一定速度离开熔池，逸出的蒸汽对熔化液态金属产生一个附加压力，使金属表面向下凹陷，在激光束照射点处形成一个小孔。这个小孔不断吸收激光束的能量，使小孔周围形成一个熔融金属的熔池，热能由熔池向周围传播，激光功率越大，熔池越深，当激光束相对于焊件移动时，小孔的中心也随之移动，并处于相对稳定状态，激光深熔焊接头形貌如图 5-3b 所示。

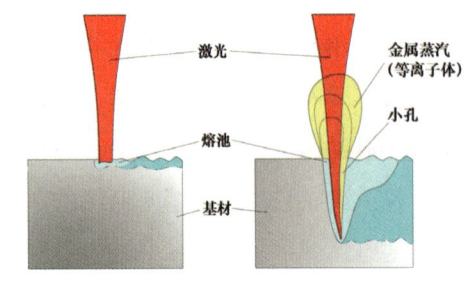

（a）激光热传导焊接　（b）激光深熔焊接

图 5-3　激光热导焊和深熔焊缝形状

激光深熔焊接时激光能量通过小孔吸收而传递给被焊工件，小孔使激光束的能量传递到焊缝深部，随着小孔温度升高，孔内金属气化，金属蒸汽的压力使熔化的金属液体沿小孔壁移动，形成焊缝的过程与激光热传导焊接不同。在激光热传导过程中，激光能量只被金属表面吸收，通过热传导向材料内部扩散。孔壁吸收的激光能量一部分通过热传导机制传入工件内部，其余的部分用于熔化蒸发金属。当材料较薄时，激光焊形成的小孔贯穿整个板厚且背面可以接受到部分激光，这种方法也称为薄板激光小孔效应焊。这两种焊接方法中都存在小孔，小孔周围为熔池金属，熔化金属的重力及表面张力有使小孔弥合的趋势，连续产生的金属蒸汽维持小孔的存在。

2. 按照激光束形式分类

根据激光束形式，激光焊接可以分为连续激光焊接和脉冲激光焊接两种，如图 5-4 所示。

连续激光焊接是指激光束连续照射在工件上进行焊接的过程。在连续激光焊接中，激光束的功率和焦距是关键参数，需要控制好这些参数才能获得高质量的焊缝。连续激光焊接的优点是焊接速度快，适用于大面积、厚度较薄的工件焊接。常见的应用场合包括汽车、航空航天、电子、通信等行业。

脉冲激光焊接是指激光束以一定的频率短暂地照射在工件上进行焊接的过程。在脉冲激光焊接中，激光束的脉冲宽度、频率和功率是关键参数，需要控制好这些参数才能获得高质量的焊缝。脉冲激光焊接的优点是焊接热影响区小、熔池深度可控、焊缝质量高，适用于高精度、高要求的焊接场合。常见的应用场合包括航空航天、电子、医疗等行业。

总的来说，连续激光焊接适用于大面积、厚度较薄的工件焊接，焊接速度快；脉冲激光焊接适用于高精度、高要求的焊接场合，焊接热影响区小、熔池深度可控、焊缝质量高。两种焊接方式各有优劣，应根据具体应用场合选择适合的焊接方式。

3. 按照焊接类型分类

脉冲激光焊接一般用于点焊，根据脉冲信号来实现焊接，激光的发射时间取决于1个周期的脉宽时间——脉宽越长发射激光的时间也就越长，一般适用在中小型焊接，焊接工件的厚度不能大于1mm，其影响参数为焊接时间。连续激光焊发射激光的信号是连续的，可以焊接厚度大于1mm的焊件，其焊缝影响参数为焊接速度。脉冲激光焊接和连续激光焊接都会在工件上留下焊痕，如图5-4所示，由于输出激光的方式不同，两者焊痕形状不同。

激光填丝焊接丝通过激光照射到焊丝上，通过焊丝导管送丝，熔化焊丝进行工件的焊接，激光填丝焊一般是连续激光焊接，如图5-5a所示。激光点焊属于脉冲激光焊接，一个脉冲完成一个点的焊接，其焊接原理与脉冲焊接原理类似，如图5-5b所示。激光-电弧焊是利用激光和电弧的双重热源进行焊接，如图5-5c所示，激光-电弧焊属于熔深焊。

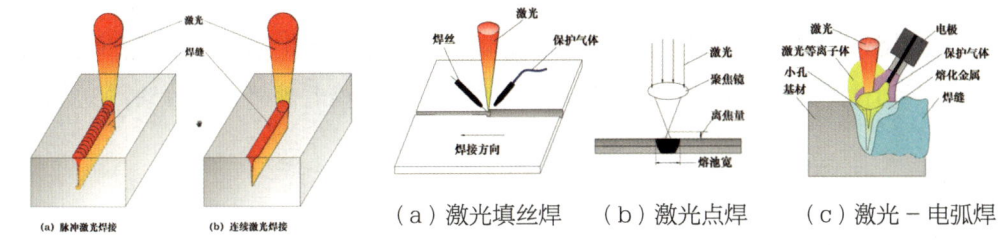

图5-4 脉冲激光焊和连续激光焊　　　　图5-5 按焊接类型分类

激光焊接可以按照不同分类方法进行分类，不同的分类方法呈现出不同的特点和应用场合。

5.2 激光焊接技术特点

激光焊接具有高速度、高精度、高质量、高适应性、高自动化、工作环境好、可重复性好等技术特点，可以广泛应用于航空、汽车、电子等行业，是一种重要的先进制造技术。具有以下几个技术特点。

1. 焊接速度快。激光的能量释放极其迅速，整个焊接过程在几秒内完成。所以激光焊接速度可以达到每秒数米，大大提高了生产效率，而且激光焊接可以与机器人、自动化设备等配合使用，实现焊接自动化，提高生产效率。激光焊接具有较好的可重复性，同时可以通过调整激光功率、焦距等参数，控制焊接深度，适应不同材料的焊接需求，可以在大批量生产时保证焊接质量的稳定性。

2. 适应性强。用偏转棱镜或反射镜可以将激光束在任何方向聚焦和反射，并可用光导纤维传到难以接近的位置，所以可以应用到无法安置或难以接近的焊接地点，同时激光焊接还可以焊接各种材料，例如金属、塑料等，对焊接材料的种类没有限制。激光焊接可以通过调整激光束宽度，控制焊接宽度，焊缝形状可以根据需要进行调整，可以实现对复杂形状的焊接，如圆弧、曲线等，适应不同焊接需求。

3. 焊接热影响区小。激光束聚焦后可获得很小的光斑，并能精确定位，因此可以用于微小型工件的大批量自动化生产，同时激光焊接的热影响区很小，减少了对材料的热影响，从而减少了变形和裂纹的发生，并有效减少了焊接材料的氧化量。激光焊接的能量密度高并且热量比较集中，因此焊接热影响区极小，非常适合热敏感材料的焊接。

4. 焊接质量高。激光束易实现光束的空间和时间分光，能进行多光束同时加工和多工位加工，因而为精密焊接提供了有力基础，即可实现高精度、高深度的焊接，焊缝质量高，焊缝形貌美观，不需要二次加工。激光焊接过程中，激光束一般是连续稳定的，可以保证焊接过程的稳定性，避免出现焊接质量不稳定的情况。

5. 焊接环境好。激光焊接不需要接触式焊接，没有电弧、气体等污染物，焊接环境好。但激光焊接不易受环境影响，如湿度、气温等，适用于各种工作环境。

6. 激光焊接在具有以上优点的同时，也存在要求焊件装配精度高、要求光束位置不能显著偏移、最大可焊厚度受到限制、能量转换效率太低和设备投资较高的缺点。

5.3 激光焊接工艺

激光焊接是利用激光束的高能量密度将焊接材料熔化并形成焊缝的一种焊接工艺。其基本原理是：将激光束聚焦到焊接处形成一个小点，焊接处材料受到激光束的高能量密度作用，瞬间被熔化和汽化，形成一个蒸汽孔。通过控制激光束的聚焦点和扫描速度，使熔池沿着焊缝方向移动，最终形成一条连续的焊缝。

5.3.1 激光焊接工艺

激光焊接工艺是一项高精度、高技术含量的焊接工艺，其焊接工艺流程与其他焊接工艺相差无几，但是对于激光器的选择以及相应焊接参数设置需结合焊接材料特点进行实施，以保证焊接质量和效率，激光焊接工艺流程如下。

1. 选择合适的激光器。根据焊接材料的类型、厚度以及焊接质量要求，选择合适的激光器。
2. 焊缝设计。根据焊接要求设计焊缝形状、宽度、深度等参数。
3. 准备焊接材料。将焊接材料进行清洁、去油、去氧化等处理，保证焊接质量。
4. 调整焊接参数。根据焊接材料的类型和厚度，调整激光功率、聚焦点位置、扫描速度等参数，以获得最佳的焊接效果。
5. 进行焊接。将激光束聚焦到焊接处，进行焊接。焊接过程中，需要对焊接参数进行实时调整，以保证焊接质量。
6. 焊后处理。对焊接处进行去渣、打磨、抛光等处理，以获得理想的焊接表面。

（1）激光焊接参数的选择

激光焊接是通过激光与金属的相互作用，使金属熔化形成焊接。在实际焊接过程中，激光的能量往往不能完全被金属吸收，部分能量转化为金属的熔化能，如气化、等离子体等。要实现金属的良好熔接，必须使金属熔化成为能量转换的主要形式。激光与金属的相互作用产生的物理现象与激光参数有直接关系，因此必须选择合理的激光参数，使金属良好焊接。

（2）激光脉冲波形

当焊接材料表面被高强度激光束辐射时，将会有60%～98%的能量反射而损失掉，且材料的反射率会随时间而变化。当材料温度在熔点时，反射率会下降，当材料在熔化状态时，反射率稳定在一定数值上。

激光薄板焊接时，激光脉冲波形对脉冲激光焊接很重要，常用的波形有带前置尖峰的激光波形、平顶波和衰减波。根据钢、铁在室温、熔点和沸点时反射率特点，对于钢、铁等黑色金属，表面反射率相对低，宜采用较为平坦的波形。带前置尖峰的脉冲波形在尖峰作用时易出现金属的气化，产生焊接飞溅，焊接质量降低。薄板焊接时，应避免焊接飞溅的产生，保证焊接质量。

（3）激光功率密度

功率密度是激光焊接中最关键的参数之一。单位面积内激光功率称为功率密度，它直接影响材料的升温时间，激光功率越大，材料表面温度升得就越快。高功率密度在切割、打孔等材料去除加工中得到广泛的应用。低功率密度易形成良好的熔融焊接，在传导型激光焊接中，其数值控制在10^4～10^5W/cm^2。

激光功率密度较高时，在微秒时间内工件表层温度即可达到沸点温度，金属大量蒸发气化。高功率密度常用于去除材料，如打孔。当功率密度低于10^6W/cm^{2}时，表层温度达到沸点的时间为毫秒量级，能量有足够的时间传到工件底层，使底层熔化，形成熔融焊接。

在激光热源作用下，根据热传导方程，可求出一定脉宽下材料表面达到熔点的功率密度为：

$$q_c = \frac{0.886T_m K}{(\alpha\tau)^{1/2}} \tag{5-1}$$

材料表面达到沸点的功率密度为：

$$q_c = \frac{0.886T_V K}{(\alpha\tau)^{1/2}} \tag{5-2}$$

式（5-2）中，q_c为功率密度，T_m、T_v又分别为材料的熔点和沸点，K为热导率，t为激光脉冲宽度。304不锈钢的熔点为1309~1450℃。熔化功率密度阈值为3.5×10^4W/cm^2，气化功率密度阈值为6.3×10^4W/cm^2。

材料在不同功率密度和脉宽的激光作用下的最大熔深可由下式求出：

$$z(t_v) = \frac{1.2K}{q_0}(T_v - T_m) \tag{5-3}$$

式（5-3）中，T_v为材料的沸点温度；T_m为材料的熔点温度。304不锈钢热传导焊（表面气化前）最大熔深一般小于0.1mm，而深熔焊的熔深可达1mm以上。

（4）焊接速度

焊接速度低会使焊接材料过度熔化，从而导致工件焊穿，而焊接速度过快又会使焊接的熔深过浅。所以在现实生产中对特定材料的厚度和激光功率有一个合理的焊接速度范围。

在一定的激光功率下,提高焊接速度,热输入能量密度值下降,焊接熔深减小。尽管适当降低焊接速度可以加大熔深,但是若焊接速度过低,熔深却不会增加,反而熔宽增加。其主要原因有:

a)激光深熔焊接时,维持小孔存在的主要动力是金属蒸汽的反冲压力,在焊接速度低到一定程度后,热输入增加,熔化金属越来越多,当金属气化所产生的反冲压力不足以维持小孔的存在时,小孔不仅不加深,甚至会崩溃,焊接过程蜕变成为传热型焊接,因而熔深不会增大。

b)随着金属气化的增加,小孔区温度上升,等离子体的浓度增加,对激光吸收增加。

(5) 离焦量

离焦量是激光焊接的重要参数,因为离焦量改变了能量密度和光斑直径。当离焦量较小时,激光光斑直径小、功率密度大,熔池有较快的扩展速度,而初始匙孔直径减小;如果离焦量较大时,初始匙孔直径增大,而熔池扩展速度减慢,焊点尺寸有可能减小。

激光焊接通常需要一定的离焦量,离焦量定义如图5-6所示。实际应用时,焊薄板材料时,宜用正离焦;厚板材料要求熔深大,应采用负离焦。

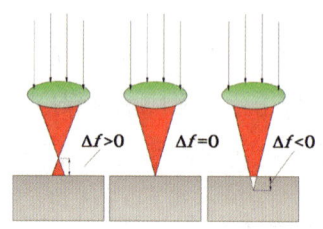

图 5-6 离焦量

离焦量影响焊件表面激光光斑大小,因而对焊接熔深、焊缝宽度和横截面积都有较大的影响。在离焦量很大时,熔深很小,属于传热焊,当离焦量减小到某一值后,熔深发生跳跃性增加,此处标志着小孔产生,在熔深发生跳跃性变化的地方,熔深大小是不稳定的,熔深随着离焦量的微小变化而改变很大。薄板激光焊接过程时,在一定的离焦量和激光能量下,得到的焊缝最好。

(6) 激光脉冲宽度

激光脉宽由热影响区和熔深确定,它区别于材料熔化和材料去除,决定加工设备的体积和造价。实践证明每种材料都有一个可使熔深达到最大的最佳脉冲宽度。故激光脉宽是脉冲激光焊接的重要参数之一,它既是区别于材料去除和材料熔化的重要参数,也是决定加工设备造价及体积的关键参数。在多数情况下脉宽根据熔深的要求确定,熔深和脉宽的关系可由公式描述:

$$\frac{z_{kmax}}{z_{jmax}} = \sqrt{\frac{t_{pk}}{t_{pj}}} \tag{5-4}$$

式(5-4)中,Z_k、Z_j 分别为脉宽为 t_{pk}、t_{pj} 时焊缝的最大熔深。

由此可见,若需获得较大的熔深,脉宽应加长,熔深的增加随脉宽的1/2次方增加。在焊接中,若保持表面温度不超过沸点,即使脉宽增至7ms,大多数金属熔深也难超过1mm。因此必须提高表面功率密度,使表面温度超过沸点达到气化温度。对于同一金属,达到同样的熔深,脉宽短则需要的功率密度高,激光的可选参数范围就窄脉宽长,所需功率密度就低,激光的可选参数范围就比较宽。对于薄板焊接，需要的脉宽较小，但焊接质量不好。这是因为脉宽小时，激光光斑上功率密度分布不均匀，极易造成局部气化，产生焊接飞溅。所以，为了提高表面功率密度，应允许表面金属一定量的气化，形成中心穿孔熔化焊。因此在保证热影响区允许的情况下，为了得到较好的焊缝形貌，应适当增加脉宽。

（7）激光光斑直径

指照射到焊接表面的光斑尺寸大小。在激光器结构一定的条件下，照射到焊接表面的光斑大小取决于透镜的焦距和离焦量，根据光的衍射理论，聚焦后的最小光斑直径 d_0 可用以下公式得出：

$$d_0 = 2.44 \times f\lambda/D(3m + 1) \tag{5-5}$$

其中 d_0 为最小光斑直径，λ 为激光波长，f 为透镜焦距，D 为聚焦前光束直径，m 为激光振动膜的阶数。

焊接时为了获得深熔焊缝，要求激光光斑上的功率密度高。提高功率密度的方式有两种，一个是提高激光功率，它和功率密度成正比，二是减小光斑直径，功率密度与直径的平方成反比。因此，减少光斑直径比增加功率有效得多。

5.3.2 激光焊接工艺的特点

激光焊接工艺与传统的焊接工艺相比具有显著的优势，主要体现在功率密度高、热输入小且集中两方面，应用激光焊接工艺进行金属焊接时，焊接金属可被快速熔化，焊接部位的热形变和热影响区小，同时具有较高的焊接速度，能实现具有较差焊接性能的金属或者是非金属的焊接，甚至应用这一技术还能够实现异种材料的焊接。电子束工艺同样具有较高的能量密度，但是相较于这种技术，激光焊接技术对环境的要求比较小，能够在大气压环境下进行，并不需要真空室，因此成本较低。相关实验表明，在同样质量的激光束条件下，激光焊接能够实现单面焊接和双面成型，能够达到和电子束焊接相近的效果。与电弧焊接技术相比，激光焊接接头的热影响区要小得多，可实现对热形变的有效控制，这样能有效地提高焊缝的综合冶金性能。

但激光焊接工艺依旧存在一些问题，主要表现在以下三个方面。

1. 焊接过程中存在气孔

在应用激光焊接技术焊接过程中会出现气孔，当前研究人员对于出现气孔的原因还没有确定的解释，有研究认为可能是由于冷却过程氢溶解性变差而产生的氢气孔；也有研究认为是熔池内激光束引发金属变化匙孔发生变动形成紊流从而产生气孔。

2. 焊接过程不稳定

在深熔过程中，激光经常会和匙孔效应同时发生，匙孔主要由等离子体和金属蒸气组成，对于激光有较强的吸附作用，在这些气体的影响下，激光焊接过程中容易出现不稳定的问题。

3. 焊接过程易出现裂纹

激光焊接的热影响区是很小的，被焊接的材料会以较快的速度冷却。在此情况下，一些合金在最后凝固的柱状晶晶区形成共晶组织，进而出现结晶和裂纹。

5.3.3 激光焊接工艺方法

1. 激光自熔焊接工艺

激光自熔焊接工艺是激光焊接的基础工艺，其以高能量密度的激光束作为热源，作用于待焊材料并引发其产生固液相变从而实现待焊材料的原位连接，被焊材料在焊接过程中因高温汽化而在基体表面产生的气流波，对接头有清洁作用。激光自熔焊接属于非接触焊，具有抗电磁干扰、无污染的优点。但由于激光自熔焊的光斑直径小，焊接热循环过程中的升温速度和冷却速度都极快，因此，对焊接过程中熔池温度场、流场以及温度场对材料的影响等方面的研究难度较大。同时，激光自熔焊接还存在焊接间隙适应性差以及对焊缝的成分和组织控制困难等问题，因而行业内以激光自熔焊为基础研究开发了多种新型焊接工艺。

2. 激光复合焊接工艺

激光复合焊接工艺又称为激光增强焊接技术，是指将激光焊接与其他焊接方法相结合形成的新型焊接工艺，其优点是能够充分发挥相应焊接方法的优势并避免各自的不足。

近年来激光-电弧复合焊得到了快速的发展，成为人们研究的热点内容。随着工业生产的发展，对于激光焊接的要求也越来越高，这使得激光焊接技术的缺陷越发显现；激光焊接技术存在间隙适应性差的问题，同时由于激光焊接技术是一种自熔性焊接工艺，通常情况下是不使用填充金属的，由于这一特点，应用激光焊接技术来进行高性能材料的焊接时，对焊缝的成分和组织的控制比较困难。激光-电弧复合焊则能够解决这一问题，这一技术不仅具有激光焊接所具有的大熔深、高速度、小变形，同时还具有间隙敏感性低、焊接适应性好等优点。在应用这一技术进行焊接时，对于工件装配的要求比较低，具有较高的间隙适应性，能有效减少气孔倾向；同时，其能以较低的激光功率获得较快的焊接速度和更大的熔深，从而能有效降低焊接成本；由于电弧能够稀释等离子体，能降低对于激光的屏蔽效应，同时激光则可以实现对电弧的引导和聚焦，二者的结合能够进一步提高焊接的稳定性；电弧焊的填丝工艺能对焊缝的成分和性能等进行改善，这样提高了该焊接工艺对特种焊接材料和异种材料焊接的能力。

激光复合焊接技术中应用最为广泛的是激光电弧复合焊接技术，有研究指出电弧对激光焊接具有能量增益的作用。在合适参数下，该工艺能够得到比激光焊接工艺更加优异的焊缝质量。

激光-GMAW（熔化极气体保护焊）复合焊接工艺包括激光-MIG（熔化极惰性气体保护焊）复合焊和激光-MAG（熔化极活性气体保护焊）复合焊，其原理与激光电弧复合焊基本相同，区别仅是保护气体不同。与激光电弧复合焊相比，激光-GMAW复合焊接可焊更厚的板材，并且焊接的适应性和电弧的方向性也更好，在未改变接头微观组织形态的条件下，扩大激光-电弧的距离有利于增加铁素体的比例进而改善接头的力学性能，在熔池中通入适量的氧气可以抑制气孔缺陷的形成。

等离子弧焊的实质为具有压缩效应的钨极气体保护焊，其焊接稳定性和电弧能量均高于普通电弧，并且引弧电流较低，易于引燃，另外，其电极位于焊炬喷嘴中，可有效防止金属蒸汽、熔池溅射以及其他污染物侵蚀电极。激光-等离子弧复合焊接工艺对焊接参数的变化非常敏感，工艺参数的轻微变化都会对焊接质量产生较大影响。CO_2激光－微等离子弧复合搭接焊可解决溅射、接头浅层小坑及内部气孔等问题。

激光－搅拌摩擦复合焊接工艺是在搅拌头前部施加激光来预热工件，从而减小装夹力和推动力，并降低磨损和提高焊接速度，可焊接熔点较高的材料。激光－搅拌摩擦复合焊接工艺对铝合金进行焊接时激光预热可降低夹具的夹紧力和扭矩，并提高焊接效率和减少搅拌头磨损。

3. 激光－场耦合焊接工艺

激光－电磁场耦合焊接是通过外加电磁场抑制激光等离子体的屏蔽效应并改善熔池的流场，从而增大焊接效率，提高焊接稳定性，改善焊接质量，该方法具有广阔的应用前景。该焊接工艺不仅可以减缓焊缝冷却速度，抑制裂纹的出现，而且能够提高材料对激光的吸收率，从而增加焊接熔深。

激光－振动场耦合焊接是基于振动时效发展起来的焊接工艺，可归类为振动焊接。该工艺的基本原理为利用振动场破坏熔池表面的等离子屏蔽，从而增大对激光的吸收率，达到用较小的功率焊接材料的目的。激光－振动场耦合焊接时施加高频振动可增加焊接熔深，并细化焊缝晶粒，焊接速度和振动频率对接头宏观形貌、微观组织及显微硬度的影响，枝晶的数量和大小均得到抑制，等轴晶的数量增加，晶粒尺寸减小而显微硬度增大。激光－振动场耦合焊接在不同振动频率和焊接速度下的接头组织时，柱状晶得到细化，并且焊后奥氏体的晶界处产生的网状高温铁素体和点状碳化物明显减少。

激光－超声场耦合焊接工艺是在普通振动场（低频和高频）与激光耦合的基础上进行改进得来的一种新工艺。由于激光焊接熔池的存在时间极短（约2ms），一般的机械振动频率远小于激光熔池的存在时间，因此对激光焊接熔池的凝固行为的影响具有相当的局限性。而超声场的振动频率在20kHz以上，对激光焊接熔池凝固行为的影响更为有效。

4. 激光填丝焊接工艺

针对激光自熔焊存在的焊接装配间隙适应性差、焊缝无余高以及无法控制焊缝合金成分等问题，国外学者开发了激光填丝焊工艺，并取得了大量研究成果。

当未对焊丝进行加热时，激光的部分能量将作用在焊丝上，导致焊接速度降低，故引入激光热丝焊工艺。该工艺减少了焊丝对激光能量的消耗，使焊接速度得到显著提高。

5. 激光填粉焊接工艺

由于激光填丝焊工艺对送丝机构的精度和稳定性要求高，并且容易发生粘丝和顶丝等问题，同时其涉及的工艺参数较多，操作较复杂，故而大批量的应用受到诸多限制。为规避上述缺点，激光填粉焊工艺应运而生，相关研究表明，激光填粉焊具有焊接柔性高、粉末分布规律、覆盖范围大且落点和合金成分便于控制等优点。

6. 激光双光束焊接工艺

双/多光束焊接工艺的基本方式是同时将两台或两台以上的激光器输出的光束聚焦在同一位置，通过这样的方法来获得更高的激光能量，在这一技术刚出现时，其主要目的是得到更大的熔深和更稳定的焊接过程，同时提高焊缝成形的质量。随着激光焊接技术的应用越来越广泛，在进行厚板焊接，尤其是铝合金焊接时容易出现气孔，为了有效地避免这一问题，应用前后排列或者平行排列的两束激光实施焊接，通过这样的方式可以使焊接小孔的稳定性得到一定的提升，从而降低了出现焊接缺陷的可能性。

激光双光束焊接工艺于 20 世纪 80 年代被提出，其系统是由互成一定角度的两束激光合成，或由一束激光经分光器分为两束平行的激光。该工艺的研发是为了提高焊接稳定性及对焊接装配间隙的适应性，从而达到提高焊接质量的目的。

5.4 激光焊接过程监测与质量控制

人们在对激光焊接的研究过程中，激光焊接的过程监测和质量控制一直是研究的重要内容，人们通过各种技术手段来对激光焊接的过程进行监测，并进行质量控制，从而提高激光焊接的质量。下面对激光焊接过程监测和质量控制措施进行介绍。

5.4.1 激光焊接过程监测

当前人们对激光焊接过程的监测，主要采用各种传感器来检测激光焊接过程中产生的等离子体，这是当前最为有效的监测方法，具体可以分为以下几种：

1. 光信号检测。这种检测的原理是应用光信号来检测激光焊接过程的等离子体光辐射和熔池光辐射。检测装置的安装方式包括与激光束同轴的直视检测、侧面检测和背面检测，常用的传感器有光电二极管、光电池、CCD 和高速摄像机，以及光谱分析仪等。

2. 声音信号检测。在激光焊接过程中产生的等离子体会产生声振荡和声发射，利用传感器进行检测这些声信号，能够实现对激光焊接过程的监测。

3. 等离子体电荷信号检测。这种检测方式的检测对象是焊接喷嘴和工件表面等离子体的电荷。

5.4.2 激光焊接过程控制

在激光焊接过程中，为有效保证焊接质量，需对焊接工艺参数进行有效控制。其中最难监测和控制的参数是光束焦点位置，这一参数对激光深熔焊质量有非常重要的影响，对其进行有效的监测非常重要。若焦点没有处于最佳的位置范围，则不能获得最佳的熔深，甚至对稳定的深熔焊过程造成破坏。

5.5 激光焊接技术的应用与操作实训

5.5.1 激光焊接技术的应用

随着激光焊接技术的不断完善，其技术在各领域内得到了极大的推广，主要应用于制造业、汽车工业、航空航天工业、塑料加工、生物医学、珠宝首饰、粉末冶金、电子工业、造船工业等。

1. 制造业应用

激光焊接技术的运用可以给汽车制造业带来巨大的经济效益，可以说汽车制造行业是激光焊接技术在制造业中最成功的应用。据相关数据表明，在 21 世纪初，全球范围内采用剪裁坯板激光拼焊技术生产的汽车生产链条近 100 条，年产汽车拼焊构件坯板总数约 7000 万件。国内引进车型 Passat、Buick 等也运用了激光焊接技术，日本成功将 YAG 激光焊应用于核反应堆中蒸汽发生器细管的维修。

2. 汽车工业应用

在20世纪80年代初,激光焊接技术被欧洲的Volvo、Audi、MercedezBenz等汽车厂首次运用到制作卡车底板、加工柱等,随后激光焊接技术便成了提高汽车质量、加工市场竞争力的一项新技术。日本丰田等汽车公司将激光焊接技术运用到拼接坯板上后,材料的利用率由原来的40%增长到65%,极大地降低了生产成本。据专家预测,现在50%以上的汽车零件可以直接用激光加工,而其中40%为激光焊接技术。汽车装配线上车身的激光焊接和激光切割也代替了传统的电阻焊和修边模等方法。随着汽车工业的高速发展,激光焊接技术已成为汽车制造业中重要的加工方法。

3. 航空航天工业应用

由于激光焊接相对于电子束、等离子束和传统的焊接方法具有自己独特的优势,比如热影响小、密封性好、适合在真空等特殊环境下进行加工,因而激光焊接技术便成为激光在航空航天领域应用中最广泛的技术之一。21世纪初期激光焊接技术应用于A380大飞机机身的制作。空中客车公司用激光焊接替代铆接,使得机身减重20%,为激光焊接技术在航空领域的应用作出了重大的贡献。同时,激光技术解决了难焊的薄板合金的连接,并且焊接的构件变形小、接头质量高、重现性好。由此可见,激光焊接技术在航空航天工业中占据重要地位。

4. 塑料加工应用

尽管激光焊接技术具有其他焊接技术无法比拟的优势,但其进入塑料焊接加工的进程仍然十分缓慢。传统焊接技术主要为热熔焊接、振动摩擦焊接及高频焊,这些方式对结构复杂及加工要求精密的塑料并不能表现出较好的焊接效果,而激光焊接技术可达到理想效果。激光焊接塑料也存在一大难题即塑料对激光有较强的吸收性,这将严重影响到焊接效果。目前,国外常用的解决方案是:上、下层分别采用透射率高的塑料和吸收率高的塑料,激光束便能透过上层塑料直接被下层塑料吸收,形成焊接区域。随着塑料代替金属材料的领域越来越广,高精度、污染小、质量好的激光焊接技术便成了塑料加工业的重点研究方向。

5. 生物医学应用

激光焊接技术在生物医学上的应用已有约半世纪的历史,首次成功案例是将血管和输卵管连接在一起,随后更多医学人员将激光焊接技术从生物组织转移到其他组织上。例如激光焊接技术在人体神经学上的应用,已成为国内外医学人员的研究热点,其中争议热点主要是激光波长的差距、剂量的适宜量以及针对功能恢复对激光焊接材料的选用。激光焊接技术也运用在牙科方面,如解决修复口腔内的多种问题。材料选择多,制作的产品也多,相比原来的医疗技术,激光焊接技术体现出了绝对的优势。

6. 珠宝首饰应用

激光焊接技术因具有热影响小,变形区小的特点,所以可应用于珠宝首饰行业。利用激光焊接技术可按照明确要求对珠宝首饰进行精确切割,这不仅节约了时间(与传统切割比),同时也减小了珠宝的损坏几率。激光焊接技术也可将不同材质的珠宝首饰焊接在一起,这不仅推进了珠宝式样与构造的创新性发展,同时也满足了现代人的审美要求。

7. 造船领域

由于在大型船舶生产和制造工艺过程中所采用的板材都是具有比较大的厚度与比较长的长度，因此在进行加工或者是焊接时经常会发生板材在加工中发生了变形或者翘曲等情况。根据相关资料表明，如果充分地运用了传统焊接的工艺，就必须按照要求在整个船板上投入 1/4 的时间和精力，对整个船板或零部件的外观或者形状进行进一步加工和处理，对于焊接工作的效率也将会产生很大的影响，不利于改善和提高所加工的精度和准确性。但是，如果直接利用激光技术来进行焊接，这种新型的技术会带来高密度能量和表面积较小的发射性光斑。对船舶制造所需的各种船板材料进行加工制造时，不同的加工程序都具有不同的加工工作台，板材则需要经过切割后去到其他地方再进行焊接加工处理，如果采用了激光焊接加工，就可以将所有的材料放置在相同的加工工作台，并对其进行焊接加工的操作，可以让工作的精力和时间都得到有效控制和节省，极大地提高了船舶加工制造的质量和工作效率。

5.5.2　激光焊接设备操作

激光焊接机，又常称为激光焊机、能量负反馈激光焊接机、雷射焊接机、镭射焊机、激光冷焊机、激光氩焊机、激光焊接设备等，是激光材料加工用的机器，按其工作方式分为激光模具烧焊机（手动激光焊接设备）、自动激光焊接机、首饰激光焊接机、激光点焊机、光纤传输激光焊接机、振镜焊接机、手持式焊接机等，专用激光焊接设备有传感器焊机、矽钢片激光焊接设备、键盘激光焊接设备，激光焊接是利用高能量的激光脉冲对材料进行微小区域内的局部加热，激光辐射的能量通过热传导向材料的内部扩散，将材料熔化后形成特定熔池，以达到焊接的目的。可焊接图形有：点、直线、圆、方形或由 AUTOCAD 软件绘制的任意平面图形。

1. 实训设备

激光焊接它是一种新型的焊接方式，主要针对薄壁材料、精密零件的焊接，可实现点焊、对接焊、叠焊、密封焊等，深宽比高，焊缝宽度小，热影响区小、变形小，焊接速度快，焊缝平整、美观，焊后无需处理或只需简单处理，焊缝质量高，无气孔，可精确控制，聚焦光点小，定位精度高，易实现自动化。

DM-N-1500 激光焊接机主体（图 5-7），包括机箱、激光系统、控制系统和焊枪。自动送丝机，用于焊接时自动进给焊丝。焊接时需要外接辅助气体，通常是氩气或氮气。

机箱容纳了 DM-N-1500 手持式激光焊接机除焊枪及附件外的所有组件，设计合理、集成度高、强度高，为整机稳定运行提供了强有力的保障。打开前门可以方便地加注冷却水，观察激光器和水冷机的运行状态。打开后门可以方便地对内部组件进行维护检修。

激光系统：激光器安装在机箱内部，位于水冷机上方，激光通过光纤传输至焊枪。高集成度的工业水冷机位于机箱内部下方，帮助激光器有效散热，为设备持续高强度地工作提供了强有力的保障。

控制系统：先进的焊接、清洗、切割三合一控制系统帮助设备在同一硬件平台上实现三种激光加工功能。用户通过位于设备顶部的触摸屏控制面板控制功能切换、加工参数和其他相关功能。

焊枪：高集成度、尺寸紧凑的焊枪（图 5-8），内置了高品质的准直、聚焦和保护镜片组，确保高质量的激光输出，帮助用户轻松完成任务。设备标配了适用于不同类型加工的喷嘴、镜片组等配件，方便用户更换使用。

（1）设备技术指标

a）激光器的工作物质是尺寸为 Φ8*145mm 的 Nd3+：YAG，波长为 1064um。

b）焊点直径为 0.1~3mm（可调）。

c）光学系统扩束倍率为 4 倍，物镜焦距为 100mm。

d）冷却系统采用水冷却系统，磁力泵驱动循环水用于冷却激光晶体及泵浦灯，有过温和流量控制保护。循环水采用电阻率大于 0.5MΩ·cm 去离子水，每次用水量 24 升。循环的热量通过制冷机带走，最终通过风扇将热量排入大气中。

e）电源要求为 Ac220V±10%，50HZ，7KW 要求连接 4 平方以上线，接 40A 以上空开。

f）工作环境及连续工作时间要求。工作环境清洁，无油烟、粉尘，远离强震动源，温度 10℃ ~ 32℃ 温度低于 90%。整机连续工作时间不大于 16 小时。

（2）激光焊接机的结构

激光焊接机结构如图 5-9 所示：冷却系统在机器左侧，组件有工作台面、升降系统、光纤激光光路系统、升降系统、电控箱。

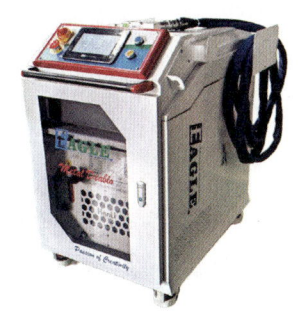
图 5-7　DM-N-1500 激光焊接机

图 5-8　手动焊枪

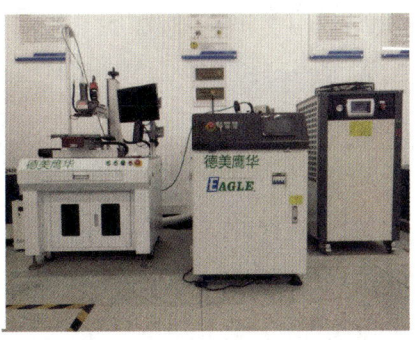
图 5-9　激光焊接机结构

2. 实训材料

厚度 2mm 不锈钢板。

3. 实训操作

（1）设备操作流程

开机前检查电源输入线是否正确完好，接地是否完好。

a）先将电源插上，确定供电正常，打开总电源开关。

b）打开冷却系统（水箱），长摁开机键，等待水箱显示屏上能够显示一切正常（冷水机温度不要超过 30℃，不要低于 10℃）。

c）再打开激光器电源，等待信号灯显示一切正常时，将机器操作系统正常打开。

d）将材料放在工作台上，并将焦距调至最佳状态，当其焊点最小而且最圆时即是焦距最佳状态，可将机器出光，通过调节螺杆使焊接头上下移动，即可寻找最佳焦距；

e）让机器持续出光，然后移动工件，即可进行手动焊接；

f）将工件放好之后，打开示教功能，找好焊接起始点，视为第一点，接着找到焊接的终点，然后执行加工，即可达到示教加工；

g）加工完之后先关闭机器及电脑，然后再关闭激光器电源，再关闭水箱；

注意事项：①不允许设备在进电源电压不稳定等情况下工作，必要时需用稳压器对其稳压；②出现异常现象，首先关闭总电源开关再行检查；③本机工作时，所有电路元器件（如激光器电源和振镜电源）和光学元器件（如YAG激光器、振镜和f-θ聚焦透镜）均需良好散热，故应保证工作环境通风良好。

（2）软件功能介绍

a）运行环境

CNC2000数控系统软件基于Windows操作系统，可在Win2000、WinXP、Windows98、Windowsme或Windows95下运行。

系统设置为在电源使用方案设置中，将系统等待，关闭监视器，关闭硬盘等全部设置为：从不。计算机不能安装实时性很强的软件，如病毒实时监控软件等，以免影响CNC系统实时运行。硬件要求能运行Windows操作系统的计算机一台。

b）软件要求

Windows操作系统，AutoCAD、CorelDRAW等软件。

c）安装与初始化文档

软件安装：直接从软盘将所有文件COPY到硬盘，包括以下文件：

数控执行文件（cnc2000.exe）、数控系统设置参数（options.dat）、I/O端口设置表（IOport.dat）、自动编程执行文件（StarCAM.exe）、配置文件（\Sconfig\table.dat 用于设置自动编程的一些参数，是一个文本文件，可用记事本打开编辑）。

配置文件中第三行设置工件的加工起点：Start Point 设为 Off，自动编程生成的数控程序起点为零件起点；设为 Origin 表示加工起始点在原点，生成的数控程序需要空走一段才移动到零件起点。其中第六行设置工件的加工程序的精度，如：Accuary 设为4，表示零件程序精确到小数点后4位。

d）CNC2000控制软件

①图形缩放、图形移动、图形修改、程序修改

（a）图形缩放：选择"查看"菜单下的"图形缩放倍数"（1倍、2倍、4倍、10倍）可将图形缩小或放大，也可以用鼠标滚轮缩放图形。

（b）图形移动：用鼠标左键可以拖动图形：按下鼠标左键不松开，拖动到一个新位置后松开鼠标左键。

（c）图形修改：用鼠标左键双击某一节点可以修改这一节点后面的两段直线，要修改的两段直线变为红色，移动鼠标拖动直线，按"鼠标右键"释放；按"鼠标左键"确认；按"F12"取消上次修改。

（d）程序修改：用鼠标左键双击某一节点可以修改这一节点后面的两段直线，要修改的两段直线变为红色，同时这两段程序移动程序的第一行和第二行，通过手工编辑程序对程序进行修改，修改后按保存。

注意：如果是用绝对坐标（G90）编程，修改第一行后，只改变该点的形状。如果是用相对坐标（G91）编程，第一行的 X、Y 增大或减小后，第二行的 X、Y 应该相应地减小或增大相同的值。

②数控文件管理与文件编辑

（a）文件管理

文件管理功能用于打开、保存数控加工程序，退出 CNC 系统等。其子功能有：新建、打开、调入内存、保存、另存为、打印、打印预览、打印设置、显示最近打开过的 0~10 个文件、退出 CNC 系统等。

打开文件可打开符合 ISO 标准的 G 代码文件。文件最大行数为 65535 行。当数控程序 >65535 行时，需分为两个程序进行加工。最近用过的文件，在"文件"菜单下可直接打开。

（b）文件编辑

文件编辑功能用于编辑已打开的数控加工程序。其子功能有：撤销、剪切、复制、粘贴、查找、替换等功能。文件修改后，需要保存（F2）才生效。

③工作台手动移动方式

（a）电脑键盘手动

选"电脑操作"，按键盘上的 ←、↑、→、↓ 箭头，PageUp、PageDown 键，Home、End 键移动工作台 X、Y、Z、C 轴，按下键时，工作台移动；松开键时工作台停止。按下 Shift 键后，工作台移动速度快一倍。

（b）电脑操作界面（手动）

选"电脑操作"，按电脑操作界面里右下方的各轴方向按钮图标即可移动工作台（图 5-10）。还可以选择"手动慢速移动"，减小工作台移动速度。

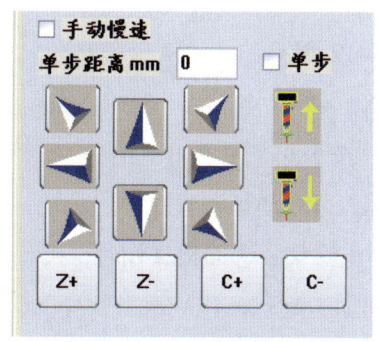

图 5-10 电脑操作界面

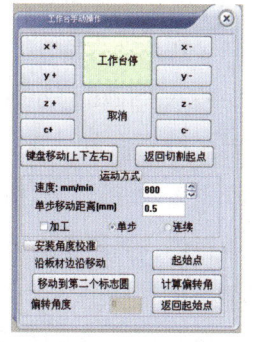

图 5-11 工作台手动操作

（c）菜单"手动移动与定位"

按"定位"菜单下的"手动移动与定位"（图 5-11），可精确移动工作台和定位。

对话框中显示手动移动速度值。手动速度值可在"参数设置"中设置和修改。选"单步"，并输入单步移动距离，可精确移动工作台。选"连续"，则连续移动工作台。

钢板校正是当钢板放偏时，沿钢板的边沿移动，再按"计算偏转角"，可自动计算钢板放偏角度，程序自动将所有零件偏转，按偏转方向切割。钢板自动校正是当钢板放偏时，在切割头上安装一个光电传感器（24V 供电），传感器输出信号接卡上 10 芯的第 5 脚，当传感器在钢板上时，传感器输出低电平，当传感器离开钢板时，传感器输出高电平(I/O 断口检测中可检测到)。将切割头的起始位置设置在钢板的左下角附近。再按"计算偏转角"，则程序自动计算钢板放偏角度，同时程序自动将所有零件偏转，按偏转方向切割；程序自动找到钢板的"左下角"顶点；程序自动移动到切割起点。切割起点与光电传感器红光中心的距离在参数菜单下"定位参数设置"设置"红光偏离激光中心"距离。

（d）外接操作面板手动

用外接操作面板上的 X+、X-、Y+、Y-、Z+、Z-、C+、C- 移动工作台运动；按下键时，工作台移动；松开键时工作台停止移动。

④程序运行

程序运行功能用于运行内存中的数控加工程序。其子功能有：程序校验、工作台空走、运行整个程序、从光标所在行往下运行、运行光标所在行、空走单段运行与修正程序、画线、边框校验等功能。

（a）程序校验是用于校验程序中的语法错误。错误信息有错误 1：该行有不能识别的代码；错误 2：该行中的"G01"代码格式不对；错误 3：该行中指定的速度超过了上限值；错误 4：该行中的"G02、G03"代码格式不对；错误 5：该行中的"G04"代码格式不对；错误 6：该行 L 代码调用的子程序不存在；错误 7：多余的"M17"代码。

（b）空运行是试运行时只移动工作台，由 M 指令控制的输出端口不输出信号，即气阀等无动作，不出激光等。

（c）运行整个程序是运行时执行所有数控代码。运行时可以显示程序与坐标位置，并实时显示图形（xy 平面或 zx 平面）。

当没有选择其他如"空运行""边框校验"等菜单命令时，按右边的"运行"按钮，默认为"运行整个程序"方式。当选择"空运行""边框校验"等菜单命令后，再按右边的"运行"按钮，才能按照"空运行""边框校验"等方式运行。

运行程序可由电脑操作或面板操作，如图 5-12 所示。

面板操作：面板上共六个按键，分别为：+X、-X+、Y、-Y、Start、Stop。可按 +X、-X+、Y、-Y 正向或反向移动工作台。按 Start 键，运行程序；按 Stop 键，停止运行。

电脑操作：用鼠标点击"开始"或按回车键，可自动运行程序。

暂停：加工过程中暂停，并停止出激光，停止吹气。选面板操作时，按一次"暂停"，暂停加工，再按一次"暂停"，完全停止加工，并自动回到加工起点。按一次"暂停"，暂停加工，如果再按一次"开始"，则继续加工。

回退：当发现没有切穿或没有焊好时，可选择暂停，从暂停位置沿路返回。只有当速度较低时才能保证精度，高速时可能会丢步。

继续：从暂停位置继续向下运行。

重复加工次数：设置重复运行当前程序的次数，最少为默认值 1 次。设置时不要从键盘输入，应该向下拉右边的箭头，从中选择数字。

计件：记录加工的零件数，包括某次清零后的零件数和零件总数。C 为清零。

停止：退出运行。

（d）从中间某一位置行往下运行（光标所在行往下运行）

用鼠标左键双击图形中任意线段起点位置（单击鼠标右键释放命令），则被选中的两段直线会变为红色，同时，对应这两段直线的程序滚动到程序顶部第一和第二行，然后用鼠标左键选择程序行，用"运行"菜单下的"从光标所在行往下加工"。程序弹出对话框如图5-13所示。

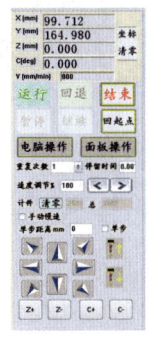

图5-12　运行程序　　　图5-13　起点位置

通过对话框选择切割头位置，当切割头位置在原点时，选加工起点；当切割头位置已经在当前线段的起点时，选当前线段起点（如果切割头位置在当前线段中间，则用"断点保护"或"断电保护"功能）。

（e）运行光标所在行表示只运行光标所在行的一行程序。

（f）空走单段运行与修正程序是对用示教编程生成的程序，进行局部修正。每运行一段程序会停下来，然后用鼠标点屏幕上的手动移动按钮，微调到正确位置后，按"空格键"或"回车键"执行到下一段，直到结束，软件自动记忆正确位置，自动更新程序。

（g）画线时，程序自动将喷粉头移动到切割头位置，喷粉头到切割头的偏置在参数设置中设置。画线时，切割指令M07/M08相当于指令M09/M10喷粉。因此，操作人员不需要修改M指令。

（h）边框校验是当在余料上进行时，有时需要知道零件的加工范围，可以采用空走的方法，但如果图形比较复杂，空走需要花费很长时间。采用边框校验，只需围绕工件边框走一圈，就能判断工件加工范围。

⑤回零功能

X、Y、Z轴一般应负方向回零，但有些工作台的零位开关安装在坐标轴的正限位附近，为满足这一要求，软件提供了正方向回零功能。可选择一个或几个轴同时回零。回零速度在参数设置中设置，一般可设为500~1000mm/min左右。

只有零位开关信号连入计算机时才有效。

回零可以回到机械零点，也可以回到编程零点，当参数设置中的"编程零点偏置X"和"编程零点偏置Y"（对机床零点）设置为（0,0）时，回零回到机床零点；当设置了编程零点偏置值时，回零回到编程零点。回零方向在参数设置菜单中设置：-1表示负方向回零；1表示正方向回零；0表示该轴不回零。

⑥I/O端口测试

用于调试时测试零位、极限、操作面板上的按钮等对24V地的通断状态。程序每秒钟自动测试一次，对地接通时打钩（图5-14）。还可以手动控制输出端口激光、气阀、光闸。

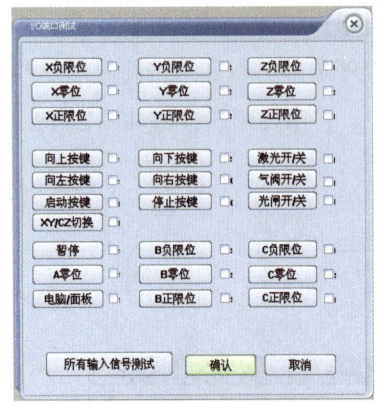
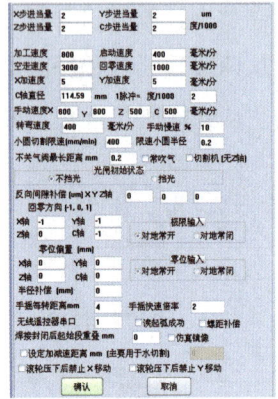

图 5-14　I/O 端口测试　　　图 5-15　参数设置

⑦参数设置

（a）屏幕上弹出运动参数设置对话框，如图 5-15 所示。

步进当量：单位 0.001mm/ 脉冲（即 um/ 脉冲），由步进电机驱动电源的细分数和滚珠丝杆螺距决定。例：细分为 10，即步进电机每转为 2000 个脉冲，丝杆螺距为 4mm，则步进当量为 2um（4×1000/2000）。

C 轴步进当量：0.001 度 / 脉冲。

加工速度：单位 mm/min，设置程序自动运动时的默认速度。当编程时程序中没有给定速度，采用这一速度。如果程序中给定有加工速度，以给定速度为准。

启动速度：单位 mm/min，设置程序自动运行时的启动初始速度。由工作台的惯性和步进当量决定：一般取 200～1000。

加速度：即每步加速度，单位 Hz，设置程序自动运行时的加速度。由工作台的惯性和步进当量决定：一般取 2～10 左右。

极限速度（空走速度）：单位 mm/min，设置程序自动运行时的最大速度，即 G00 速度。由工作台的惯性和步进当量决定：一般取 4000～10000 左右（即 4～10m/min）。

C 轴半径（mm）：因为在程序中旋转轴是按角度编程的，因而速度是度 / 分钟。但在实际加工中，为了焊接或切割均匀，要求沿工件轨迹按相同线速度运行，设置旋转轴半径就是为了解决这一问题。程序根据 C 轴半径，自动调节旋转速度（半径大时转慢一点，半径小时转快一点），从而保证线速度与 X、Y、Z 直线运动速度相同。程序增加了自动计算旋转轴脉冲当量，在参数设置中，输入 C 轴"一个脉冲的旋转角度（固定值）"，再输入"C 轴半径"后，程序自动计算 C 轴以 um 为单位的脉冲当量。

当半径设为 57.2958mm 时，圆周长 =360mm，数值上与 360 度相同，每分钟旋转的角度（度）与每分钟旋转的周长（mm）相等。

回零速度：单位 mm/min，设置工作台回零时的运动速度。

反向间隙补偿：单位 um，分别设置 X、Y、Z 轴的传动齿轮或丝杆间隙。

手动时运动速度：单位 mm/min，设置手动连续运动方式时的运动速度。由于手动移动工作台时无自动加减速，因此，该参数不能太大，一般取 200～1000。

X、Y 轴回零方向：-1 表示负方向回零；1 表示正方向回零；0 表示该轴不回零。

编程零点偏置（与机械零点距离 X、Y）：为了定位方便，回零时可回到机械零位（零位开关处），也可直接回到加工起点。设置编程零点与机械零点距离 X、Y，则直接回到加工起点；当设置为（0，0）时，则回到机械零位。

光闸初始状态：光闸线圈无电流时光闸挡光或不挡光。

确认：设置生效，并保存参数，退出对话框。

极限和零位输入：低电平有效，即对 24V 地导通有效。对地常开：表示没有碰到极限或零位时对 24V 地断开，建议采用对地常开方式。

取消：设置无效，退出对话框。

（b）工件坐标系设置

参数菜单下第 2 项为"工件坐标系设置"，可以设置 G54—G59 共 6 个工件坐标系（图 5-16）。工件坐标系设置方法为可以直接手动输入坐标值，也可以手动移动工作台到某一位置，进入对话框后，按"设置当前位置为 G__"自动设置。

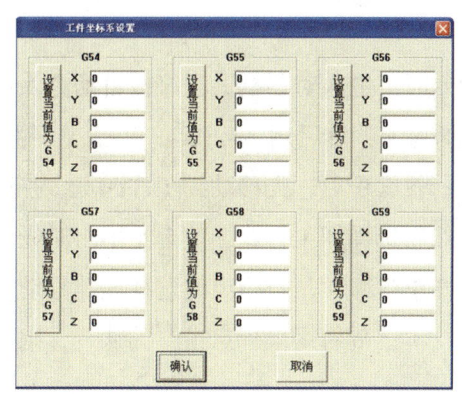

图 5-16　工件坐标系设置

⑧数控编程

（a）自动编程

点击图形与转换菜单下的自动编程，则进入自动编程功能。编辑好图形后，按工具栏上的保存为 .n 则自动将图形转换为数控程序，并回到数控加工状态。

（b）示教编程

示教编程可以对已经编好的程序进行局部修改，或者示教生成一个新程序。点击图形与转换菜单下的示教编程，则弹出以下对话框。有电脑移动和面板移动两种模式。在电脑移动模式下，按 X+、X-、Y+、Y-、Z+、Z-、C+、C-，按"直线终点"按钮确认直线转折点。若是圆弧，还需要在圆弧中间位置选圆弧通过点。

在面板移动模式下，用上、下、左、右键移动 X、Y 轴。当按下"快速键"时，用上、下、左、右键移动 Z、C 轴。按"启动"按钮确认直线转折点。

为了轨迹修正方便，可人为将一个程序分为多段（最多可分为 20 段），当进行轨迹修正时，用"移至下段"，可以直接移动到下一段，如果这段程序误差很大，需要重新示教，可用"删除段"，可以删除整段，再重新示教生成该段程序。显示激光头当前位置在第几段，第几个节点上。将下一个点拟合为直线或圆弧。如果到下一点不出激光，加工方式选"空走"，示教仿真图形中不显示空走轨迹。如果发现拟合轨迹不对，可以一步一步向后回退，如图5-17所示。

图5-18是设置生成程序的速度用于近似"矩形"类零件的示教，设置C轴为0度和90度时Z轴的高度，示教中当旋转C时，Z轴可自动升降。其只用于直接返回发生"碰撞"时或用于激光测试离焦量。

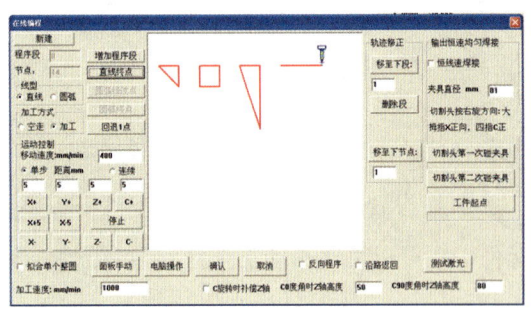 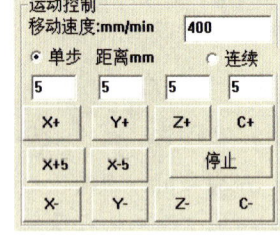

图5-17　在线编程　　　　图5-18　设置生成程序的速度

轨迹修正是当发现轨迹有偏差时，进入对话框，程序被自动调入示教对话框中，用"移至下段"或"移至下节点"，移动到不对的地方，然后用X+、X-、Y+、Y-等移动工作台，修正轨迹。

示教编程的步骤是首先进入示教编程后，先移动到工件起点，并用鼠标点击"直线终点"（面板操作时，按一下"Start键"）；然后选择加工方式，空走（不出激光）或加工（出激光），移动工作台到下一个转折点（短距离时选择单步移动，长距离时选择连续移动），并用鼠标点击"直线终点"（面板操作时，按一下"Start键"）；最后用鼠标点击"确认"，则完成示教编程，同时工作台会自动移动到工件起点。

（c）手工编程符合ISO数控G代码标准。

（3）设备保养

a）冷却系统的保养：滤芯需要每隔一个月更换一次，因为在使用的过程中水中含有杂质，时间长了会导致滤芯的堵塞，从而影响水冷系统。

b）传动组件的保养：传动丝杠组件每隔三个月滴加一些润滑油，防止丝杠生锈，影响精度。

c）焊接组件的保养：当保护镜上有污点从而影响焊接效果时需要及时更换。

5.5.3　激光焊接实训项目

实训项目一　手持式激光焊接 – 桌面摆件

1. 教学目标

（1）知识目标：掌握激光焊接加工原理以及设备工作原理，掌握激光焊接参数设置方法。

（2）能力目标：要求学生熟练掌握设计金属桌面摆件的能力；掌握操作手持式激光焊接枪的能力。

（3）素质目标：提高学生设计桌面摆件水平，养成良好的职业素养。

（4）项目目标：学会使用激光焊接机设备焊接桌面摆件。

2. 应用场景

桌面摆件可以增加氛围，提高工作效率。

3. 项目分析

（1）摆件形状尺寸：尺寸没有要求，大致在 50mm×50mm×80mm。

（2）摆件内容：摆件可通过某一造型，可平面可立体，将造型焊接在底座上，增强摆件的立体感。

（3）材料选择：2mm 不锈钢板，通过激光切割切好造型。

（4）工艺效果：将切好的不锈钢造型通过点焊的方式连接起来。

4. 建模过程

（1）准备好摆件造型图纸，可以通过 AutoCAD、LaserMaker、Solidworks 等软件先设计好，设计时除了考虑摆件的美观度，还可以在底座上开一个定位孔（图 5-19），这样可以将焊点焊在底座的底面，不影响外观尺寸。设计结束后通过金属激光切割机用 2mm 不锈钢板切割出造型和底座（图 5-20）。

（2）摆件固定

如图 5-21 所示，借助平口钳将造型板夹住，再让底座定位孔平放在摆件的固定端。

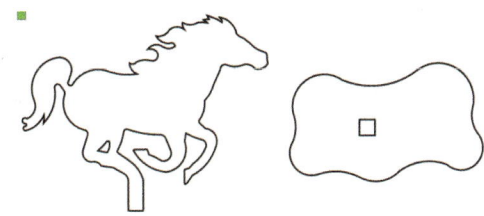

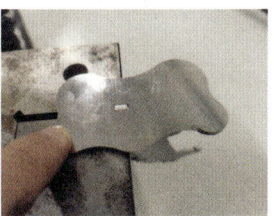

图 5-19　图纸准备　　　　　图 5-20　切割的造型零件　　　图 5-21　组件装夹固定

（3）激光焊接设备操作

开机准备：首先开启水冷机，松开红色紧急开关（图 5-22），然后再开启激光设备，松开设备上的紧急开关，再拧开钥匙开关，再按下开机键即可（图 5-23）。

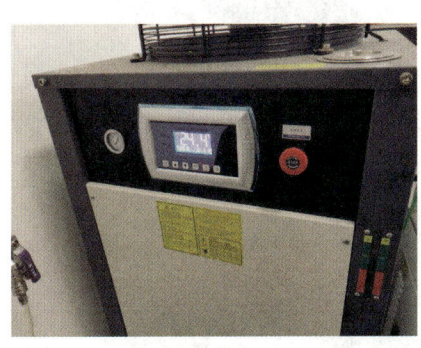
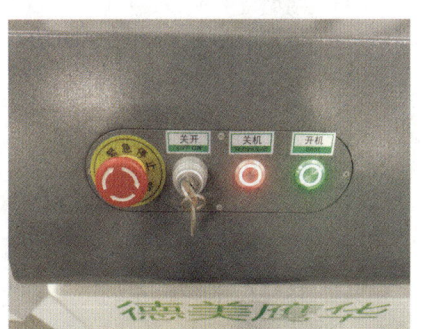

图 5-22　水冷机开启　　　　图 5-23　激光器电源开机

待设备屏幕上亮起后，在设备屏幕上依次点击开启激光、开启照明、开启红光。待激光开启 5 至 8 分钟激光预热后即可使用激光焊接。使用激光前，将激光参数设置为电流 120A、脉宽 4.9Ms、频率 25Hz，如图 5-24 所示。

将工作方式按钮旋转到手持模式下（图 5-25）。

 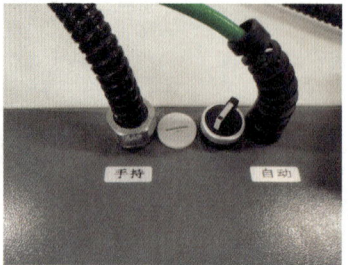  

图 5-24　激光参数设置　　　图 5-25　工作方式设置　　　图 5-26　点焊加工

（4）焊接加工

手持激光焊枪，将焊枪铜嘴抵住材料连接处，并将红光点照射到焊缝处。焊接时，按下焊枪上的按钮，即可焊接，如图 5-26。焊接时建议不要用双眼直接注视焊接处，防止强光刺伤眼睛。

5. 成品展示（图 5-27）

图 5-27　加工成品

6. 作品赏析（图 5-28）

图 5-28　学生作品赏析

实训项目二 平板自动激光焊接

1. 教学目标

（1）知识目标：掌握激光焊接加工原理以及设备工作原理，掌握激光焊接参数设置方法。

（2）能力目标：了解平面曲线焊接；掌握自动焊接设备操作能力。

（3）素质目标：提高学生对激光自动焊接的了解，养成良好的职业素养。

（4）项目目标：了解并学会使用激光焊接机设备进行自动焊接。

2. 应用场景

汽车曲面板材自动焊接、曲面造型自动焊接等。

3. 项目分析

（1）零件形状尺寸：焊接路径大致在 60mm 左右。

（2）焊接内容：焊接一段直线的焊缝。

（3）材料选择：2mm 不锈钢板，通过激光切割切好焊接零件。

（4）工艺效果：将切好的不锈钢造型通过满焊的方式连接起来。

4. 建模过程

（1）激光焊接设备开机

首先开启冷水机，松开冷水机上的红色按钮，再开启激光器总电源，再松开紧急按钮，将钥匙开关拧到 ON 状态，按下开启键，待屏幕亮起后点击屏幕上开启激光、开启照明、开启红光（图 5-29），然后将工作模式旋钮旋转到自动模式下（图 5-30）。

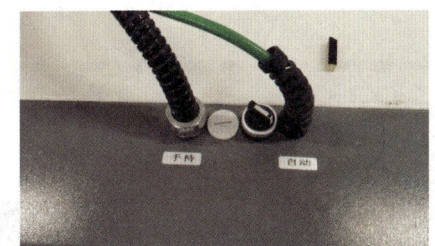

图 5-29　激光开启并参数设置　　图 5-30　工作方式切换

打开自动焊接上的工作平台电源，打开计算机（图 5-31）。打开 CNC2000 软件，主界面如图 5-32 所示。

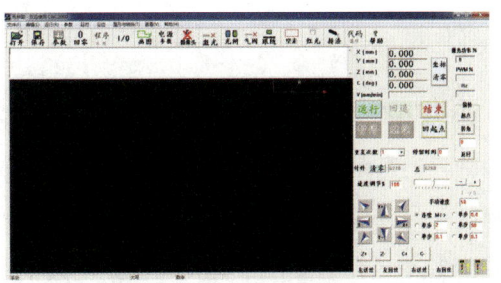

图 5-31　工作平台　　图 5-32　软件控制界面

（3）参数设置

首先设置好激光相关参数，在激光器设备屏幕上将电流设置成 120A，脉宽设置成 4.9Ms，频率设置成 25Hz。

在软件上方点击参数命令，弹出运动参数设置窗口（图 5-33），将加工速度设置成 400，然后点击参数命令中的激光参数设置，弹出激光能量参数设置窗口（图 5-34），最大 DA 输出功率设置成 50%，占空比设置成 90%。

（4）加工路径绘制

在软件界面中点击画图命令，弹出画图窗口（图 5-35），然后在画图窗口中打开 dxf 文件导入焊接图形文件。然后保存为 .n 文件，并关闭画图窗口，跳回 CNC 加工控制软件界面，并在程序显示窗口显示出相应的程序命令，如图 5-36 所示。

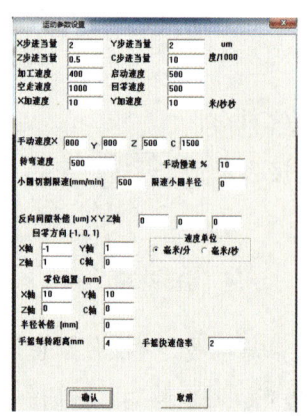

图 5-33　运动参数设置

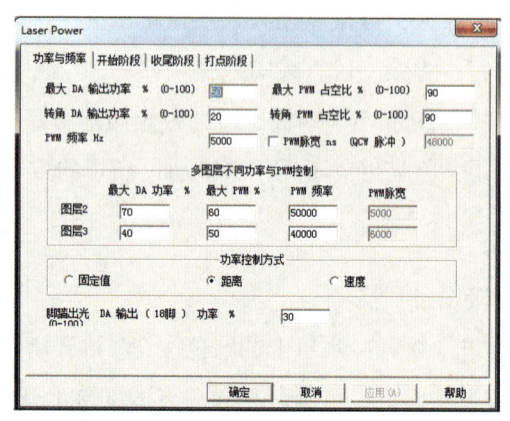

图 5-34　激光能量参数设置

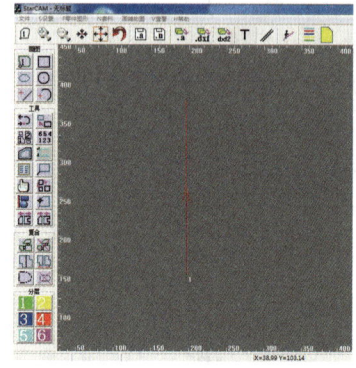

图 5-35　焊缝图形绘制

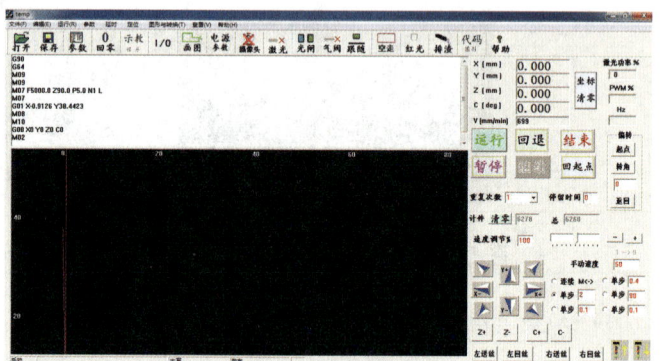

图 5-36　程序控制

（5）加工

装夹焊接件，需要将焊接的不锈钢板放在焊接平台上并将焊接处拼接到一起。手动旋转 Z 轴手轮，更改镜头高度，以调整激光焦距，根据镜头屏幕显示画面清晰度判断焦距可行，直至画面清晰可见即可。然后通过移动焊接平台进行定位，通过点击软件界面中的上下左右移动键，将红色光斑移动到焊缝的起始点位置（图 5-37），在工具栏中将程序模式更改成示教模式，更换成示教模式后先点击起始按钮，然后再通过点击移动按钮，将红色光斑移动到焊缝结束处，点击结束命令，如图 5-38 所示。

 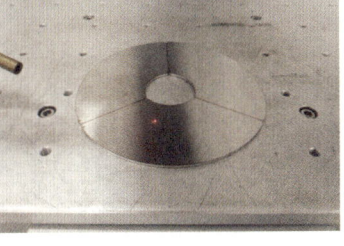

图 5-37　起始点定位　　　　图 5-38　示教模式编程

点击开始命令即可开始焊接（图 5-39）。焊接结束后便可得到完美焊缝的零件（图 5-40）。

 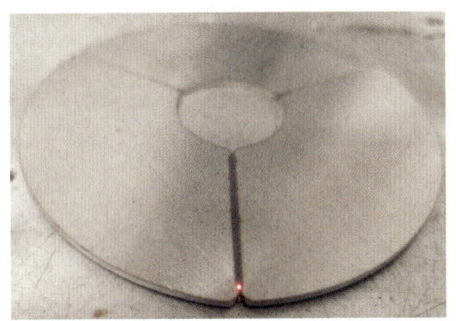

图 5-39　自动焊接加工　　　　图 5-40　焊接结果

（6）关机流程

a）关闭工作台电源：先关闭软件，再关电脑，按下工作台的关机按钮。

b）关闭激光器：点击激光器设备屏幕上的关闭红光、关闭照明、关闭激光，按下关机键，将钥匙旋钮旋转到 OFF 档，并按下紧急按钮，拉下空开。

c）关闭冷水机：等待激光器关闭约 5 到 10 分钟，按下冷水机上的红色按钮。

第六章 激光熔覆技术与实践

介绍激光熔覆设备结构、工作原理、设备保养、操作流程和教学实践案例,使学生对激光熔覆技术有所了解。

任务一:掌握激光熔覆设备结构和工作原理;

任务二:掌握激光熔覆设备操作流程和设备防护措施;

任务三:掌握激光熔覆设备自动送粉机的操作流程和清理养护;

任务四:独立完成激光熔覆教学实践案例。

激光熔覆技术是一种表面改性技术,它通过激光束在工件表面熔化和喷覆金属粉末,形成一层高质量、高硬度的涂层,以改善工件表面性能。

激光熔覆技术(LaserCladding)是一种先进的材料表面改性技术,最早是由 Gnanamuthu 于 1974 年提出专利申请,兴起于 20 世纪 80 年代。随着激光器技术的发展和资源节约的需求,激光熔覆技术的基础研究和应用推广得到了快速的发展。它是以激光为热源,将填充材料(粉末、丝材或板材)和基材表面一起熔凝,在基材表面形成与其冶金结合的熔覆层,从而显著改善其表面耐磨、耐蚀、耐热及抗氧化等性能的工艺,涉及光、机、电、物理、材料、化学、计算机等多门学科。该技术可对局部易破损的零部件进行表面强化及修复,以延长其使用寿命,有利于降低成本,提高效益,节约贵重稀有金属材料,符合国家循环经济和可持续发展战略。因此,激光熔覆技术备受各国的关注和重视,成为当前的研究热点之一。

与其他表面强化技术,如堆焊、喷涂、气相沉积和电镀等相比,激光熔覆技术具有以下特点:激光能量密度高,加热速度快,对基材的热影响区域小,引起的工件热变形小;冷却速度快(10^2~10^6K/s),涂层晶粒细小,组织致密;涂层稀释率低,涂层与基体呈冶金结合,结合强度高;材料选择性广,金属材料、陶瓷材料及复合材料均可作为熔覆材料;易实现自动化,无环境污染。因此,该技术在航空航天、矿山机械、石油化工、汽车、船舶、电力、铁路等行业具有广阔的应用前景。

6.1 激光熔覆技术原理与分类

激光熔覆设备是一种高精度、高效率的表面改性技术设备,可以在金属表面形成一层高质量、高硬度的涂层(图6-1)。激光熔覆技术的工作原理是激光器将光能转换为高能量密度的激光束,通过光束传输系统将激光束传输到扫描控制系统,扫描控制系统控制激光束在工件表面刻划出所需涂层形状,同时通过熔覆喷粉系统喷粉在工件表面,激光束照射在喷覆粉末上,使粉末迅速熔化,形成涂层,

（图6-2）。激光熔覆技术具有高精度、高效率、低热影响区和可控性好等特点，广泛应用于航空航天、汽车、机械、电子等领域。

图6-1 激光熔覆加工

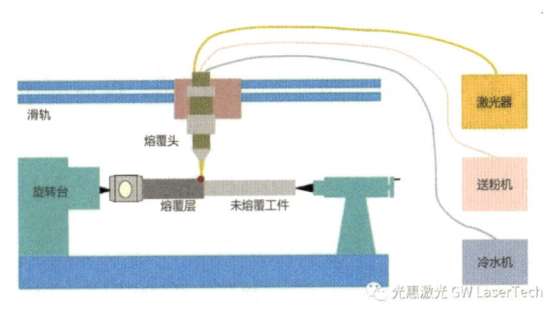

图6-2 激光熔覆设备工作原理

激光熔覆技术一般可分为以下5类：

（1）激光熔覆成形：通过激光熔化金属粉末并喷射到基材表面，形成一层金属涂层。这种技术广泛应用于表面处理、修复、改性等领域。

（2）激光熔覆合金化：将金属粉末与基材进行混合，并通过激光熔化形成一层合金涂层。这种技术可以在基材表面形成高硬度、高强度的合金涂层，提高材料的性能。

（3）激光熔覆复合材料：通过激光熔化金属粉末和复合材料（如陶瓷、碳纤维等）并喷射到基材表面，形成一层复合材料涂层。这种技术可以在基材表面形成具有高强度、高耐磨性、高温性能、耐腐蚀性能的复合材料涂层。

（4）激光熔覆涂层修复：对于损坏的涂层进行修复，通过激光熔化金属粉末并喷射到涂层表面，形成一层新的涂层。这种技术可以修复涂层的裂纹、磨损、腐蚀等缺陷，提高涂层的使用寿命。

（5）激光熔覆再制造：对于废弃的零件进行再制造，通过激光熔化金属粉末并喷射到废弃零件表面，形成一层新的涂层。这种技术可以减少资源浪费，提高经济效益。

相比于其他表面强化技术（堆焊、热喷涂、电镀等），激光熔覆技术具有以下优点：

（1）凝固过程熔池冷却速度快（$10^2 \sim 10^6 ℃/s$），熔覆层组织为典型快速凝固组织，以柱状枝晶和等轴晶为主，而当选用特定材料体系时则有可能得到非晶相、超弥散相、亚稳相等新相，且晶粒细小、致密、缺陷少，有助于提升熔覆层性能。

（2）熔覆过程中激光束的能量密度和能量利用率高，升温速度快，热循环时间短（0.001s~0.01s），热量输入少，对基体产生的热畸变和热损害程度低，基体形变程度小、性能稳定。

（3）熔覆材料选择种类多，搭配多样性，可以根据不同需求选择不同材料、改变材料成分或混合多种材料，使得熔覆层性能优异。

（4）高精度：激光熔覆技术可以实现涂层的高精度加工，达到微米级别的精度，且不会对工件表面造成热变形。

（5）高效率：激光熔覆技术具有较高的加工速度和生产效率，能够在短时间内完成大面积的涂层加工。

（6）低热影响区：激光熔覆技术的热影响区非常小，可以减少工件的变形和热应力，保证工件的精度和质量。

（7）可控性好：激光熔覆技术可以根据不同的要求控制激光束的功率、频率和扫描速度等参数，从而实现不同类型的涂层加工。

激光熔覆技术的应用范围非常广泛，可以应用于航空航天、汽车、机械、电子等领域的零件表面改性，比如增强零件的耐磨性、抗腐蚀性、高温性等性能，提高零件的使用寿命和性能。同时，激光熔覆技术还可以应用于修复和再制造领域，对于损坏的零件进行修复和再制造，减少资源浪费，提高经济效益。

常用激光熔覆材料：包括自熔性合金粉末、自粘结复合粉末、碳化物复合粉末、氧化物陶瓷粉末和具有优良的抗高温氧化能力，还有隔热、耐磨、耐蚀等性能的氧化物陶瓷粉末等。

6.2 激光熔覆技术工艺

6.2.1 激光熔覆工艺分类

激光熔覆工艺按熔覆材料的供给方式大概可分为两大类，即预置式激光熔覆和同步式激光熔覆。

1. 预置式激光熔覆是将材料事先放置在基材表面的熔覆部位，如图6-3a所示。后用激光扫描熔化，如图6-3b所示。将材料以板、丝或者粉末状的形式加入，通常情况下，粉末是最为常用也最为常见的一种形式。

主要工艺流程：①基材熔覆表面预处理；②预置熔覆材料；③预热；④激光熔化；⑤后热处理。

（a）预置粉层

（b）预置熔覆

图6-3 预置式激光熔覆

2. 同步式激光熔覆是将熔覆材料直接送入激光束中，同时完成熔覆和供料的即为同步式激光熔覆，这种方式送入的材料大都以粉末的形式为主，当然也有采用线材或板材进行同步送料的。

主要工艺流程：①基材熔覆表面预处理；②送料激光熔化；③后热处理。

随着大功率激光器件的成本下降，越来越多的国内外高校、企业、学者开展激光熔覆技术应用研究，使得激光熔覆技术越趋完善。

6.2.2 激光熔覆的工艺参数

激光熔覆的工艺参数主要有激光功率、光斑直径、熔覆速度、离焦量、送粉速度、扫描速度、预热温度和搭接率等。这些参数对熔覆层的稀释率、裂纹、表面粗糙度以及熔覆零件的致密性等有很大影响。各参数之间也相互影响，是一个非常复杂的过程，须采用合理的控制方法将这些参数控制在激光熔覆工艺允许的范围内。

激光熔覆的目的是改善基体的性能，因此，熔覆层的质量就显得至关重要。激光熔覆的工艺参数会直接影响熔覆层的组织形态、几何特性、物相分布和综合性能等，进而对熔覆层的成型质量产生确定性作用。因此，很有必要对扫描速度、光斑直径和激光功率等工艺参数进行优化，来制备性能优良的熔覆层。

1. 激光功率

激光功率的大小决定了熔池的最高温度，进而影响熔池的存在时间和形状尺寸。激光功率过低，会导致熔池的温度比熔覆材料的熔点低，熔池内存在未熔融颗粒，熔覆层内易产生组织不均匀、气孔和局部球化等现象。并且低激光功率难以使基体表层熔化，导致熔覆层的结合强度较低，难以与基体形成冶金结合界面，易在外部载荷的作用下脱落。而激光功率过高则会导致熔覆材料过熔甚至产生气化现象，熔覆层与基体间的稀释作用更加严重，导致材料的利用率降低。

激光功率越大，熔化的熔覆金属量越多，产生气孔的概率越大。随着激光功率增加，熔覆层深度增加，周围的液体金属剧烈波动，动态凝固结晶，使气孔数量逐渐减少甚至得以消除，裂纹也逐渐减少。当熔覆层深度达到极限深度后，随着功率提高，基体表面温度升高，变形和开裂现象加剧，激光功率过小，仅表面涂层熔化，基体未熔，此时熔覆层表面出现局部起球、空洞等，达不到表面熔覆目的。

2. 光斑直径

光斑直径大小会通过影响单位面积下熔覆材料所吸收的激光能量，产生与激光功率和扫描速度类似的作用效果，进而直接影响熔池的存在。光斑直径过小，表明激光束照射下的熔覆材料升温速度更快，最高温度更高，熔池面积变小，与周围未熔化材料之间的温度梯度变大，会导致熔覆层稀释率高，孔隙和裂纹数量多。光斑直径过大，会带来如材料未完全熔化、熔覆层组织粗大、结合强度和性能不足等不良影响。

激光束一般为圆形。熔覆层宽度主要取决于激光束的光斑直径，光斑直径增加，熔覆层变宽。光斑尺寸不同会引起熔覆层表面能量分布变化，所获得的熔覆层形貌和组织性能有较大差别。一般来说，在小尺寸光斑下，熔覆层质量较好，随着光斑尺寸增大，熔覆层质量下降。但光斑直径过小，不利于获得大面积的熔覆层。

3. 熔覆速度

熔覆速度的大小决定了熔覆材料的加热时间，进而影响熔池的存在时间。扫描速度过低，熔覆材料加热时间长，熔池液相保温时间增加，导致凝固速度变慢，进而导致冷却速度减小，使晶粒生长充分，从而形成组织粗大的晶体，对熔覆层的性能产生不利影响。而扫描速度过高，熔覆材料的加热时间和熔池存在时间变短，熔覆材料可能未完全熔化，导致熔覆层与基体的界面结合情况变差，容易造成脱落。

熔覆速度与激光功率有相似的影响。熔覆速度过高，合金粉末不能完全融化，未起到优质熔覆的效果；熔覆速度太低，熔池存在时间过长，粉末过烧，合金元素损失，同时基体的热输入量大，会增加变形量。

激光熔覆参数不是独立地影响熔覆层宏观和微观质量,而是相互影响的。为了说明激光功率 P、光斑直径 D 和熔覆速度 V 三者的综合作用,提出了比能量 Es 的概念:

$$Es=P/(DV) \tag{6-1}$$

即单位面积的辐照能量,可将激光功率密度和熔覆速度等因素综合在一起考虑。

比能量减小有利于降低稀释率,同时与熔覆层厚度也有一定的关系。在激光功率一定的条件下,熔覆层稀释率随光斑直径增大而减小,当熔覆速度和光斑直径一定时,熔覆层稀释率随激光束功率增大而增大。另外,随着熔覆速度的增加,基体的融化深度下降,基体材料对熔覆层的稀释率下降。

在多道激光熔覆中,搭接率是影响熔覆层表面粗糙度的主要因素,搭接率提高,熔覆层表面粗糙度降低,但搭接部分的均匀性很难得到保证。熔覆道之间相互搭接区域的深度与熔覆道正中的深度有所不同,从而影响了整个熔覆层的均匀性。而且多道搭接熔覆的残余拉应力会叠加,使局部总应力值增大,增大了熔覆层裂纹的敏感性,预热和回火能降低熔覆层的裂纹倾向。

4. 激光熔覆复合工艺

国内外学者研究发现,将辅助加工工艺与激光熔覆复合,能够较好地改善熔覆层缺陷,提高熔覆层质量。现有的辅助复合加工方法有电磁场、机械振动、超声振动、感应、磁场、微弧、TIG 电弧、微锻造、激光冲击等,部分复合工艺能够细化晶粒、减少气孔裂纹、调控组织分布、降低残余应力等,所以通过复合工艺的方法可以减少熔覆层缺陷,提高涂层的耐磨、耐腐蚀等性能。

5. 超高速激光熔覆

超高速激光熔覆技术由德国弗劳恩霍夫激光技术研究所和亚琛工业大学提出并联合进行研发,主要解决传统激光熔覆加工效率低的问题。此技术可在短时间内制备大面积涂层,极大提高了生产效率和降低了成本,同时响应了政府提倡的发展绿色无污染加工的要求,有望成为替代传统电镀的技术之一。

与常规激光熔覆技术相比,从能量分配看,常规激光熔覆中基板吸收的光能要多于粉末颗粒,基板吸收能量形成熔池,将输送至熔池的粉末熔化,而超高速激光熔覆改变了能量分配,粉末颗粒吸收的能量要高于基板。因此,超高速激光熔覆调整了激光、粉束和熔池的汇聚位置,使粉束汇聚点位于熔池上方(图 6-4),同时提高了激光束和粉束的汇聚性,光束和粉束的汇聚直径小于 1mm,从而增加了汇聚光斑内的激光能量密度,使粉末颗粒吸收足够的能量,在落入熔池前温度已达到熔点,进而减小了粉末在熔池内的熔化时间。制备的涂层如图 6-5 所示,可见熔覆层表面光滑,只需经磨削加工就可达到精加工要求。

6. 激光熔覆过程控制

为了提高激光熔覆过程的稳定性和熔覆层质量,需要对成形过程中的相关信息进行监测和控制。监测对象主要有熔池温度、熔池几何特征和熔覆层几何特征。通过监测这些工况信息的变化,实时调控激光功率、扫描速度、喷头提升量等工艺参数,从而实现熔覆过程的闭环控制,补偿工艺过程中的偏差。

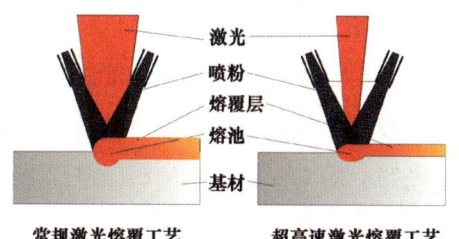

图 6-4 超高速激光熔覆工艺　　图 6-5 超高速激光熔覆效果

6.3 激光熔覆设备结构与操作流程

激光熔覆设备是现代制造业中一种高效、高精度的加工设备。激光熔覆设备主要由激光器、光束传输系统、扫描控制系统、熔覆喷粉系统、加热系统、控制系统和冷却系统等部分组成。而激光熔覆喷头是激光熔覆系统的关键核心部件，可实现激光束传输、变换、聚焦和熔覆材料的同步输送，在基材表面实现激光束、熔覆材料、熔池之间的精确耦合并连续形成熔覆层。其中激光束的整形变换聚焦、材料的传输喷射汇聚、光料的耦合方式是熔覆喷头的关键技术。

激光熔覆设备中的激光器、光束传输系统、扫描控制系统、加热系统、控制系统都集成在激光熔覆设备主体上（图 6-6a），熔覆喷粉系统是送粉器（图 6-6b），冷却系统是水冷箱（图 6-6c）。其工作原理是激光器产生高能量密度的激光束，通过光束传输系统将激光束传输到扫描控制系统，扫描控制系统控制激光束在工件表面刻划出所需涂层形状，同时通过熔覆喷粉系统喷粉在工件表面，激光束照射在喷覆粉末上，使粉末迅速熔化，形成涂层。

（a）激光熔覆设备主体　（b）送粉机　（c）水冷箱

图 6-6 激光熔覆设备结构组成

6.3.1 激光熔覆设备基本结构

1. 激光熔覆设备主体结构

激光熔覆设备主体结构包含激光系统、聚焦系统、控制系统、电源系统、操作台、熔覆头、工作平台以及安全保护装置。

(1) 激光系统

激光系统包括激光器、激光传输光纤和聚焦镜头。激光器是激光熔覆设备的核心部件，它产生高能激光束，激光器功率为1500W，属于连续激光模式。根据不同的应用需求，可以选择不同类型的激光器，如二氧化碳激光器、光纤激光器等。激光器的功率、光束质量和稳定性直接影响到熔覆层的质量、速度和设备的整体性能。

聚焦镜头的作用是将激光束聚焦成小光斑，以获得更好的熔覆效果。它通常由一系列反射镜和透镜组成，可以调节焦距和光斑大小。聚焦系统的精度和稳定性对熔覆质量有着重要影响。

(2) 熔覆头装置

熔覆头是激光熔覆设备的关键部件之一它负责将激光束引导到待处理的工件表面。熔覆头上部分通常由透镜、反射镜和聚焦镜等组成，以确保激光束的精确聚焦和形状控制。此外，熔覆头下部分主要有喷嘴、保护气体导管等辅助部件（图6-7），以实现熔覆过程中的气体保护和粉末输送等功能。

(3) 控制系统

控制系统是用来控制激光熔覆设备的各个部分，以确保设备的协调运行。它包括计算机、控制器、传感器和执行器等部件控制系统需要具备多种功能，如速度控制、温度监测、位置控制等。

其中用来放置和固定工件的加工工作台是固定不动的，加工过程中是通过控制熔覆头沿着X、Y、Z三个方向运动（图6-8a）。但是当需要在圆柱类零件上熔覆时，可以将零件装夹到第4轴的三爪卡盘上（图6-8b），可实现零件绕着X轴旋转，以实现不同形状和大小的工件的加工需求。所以熔覆头的移动或第4轴的旋转需要具备高精度和高稳定性，以确保加工质量和效率。

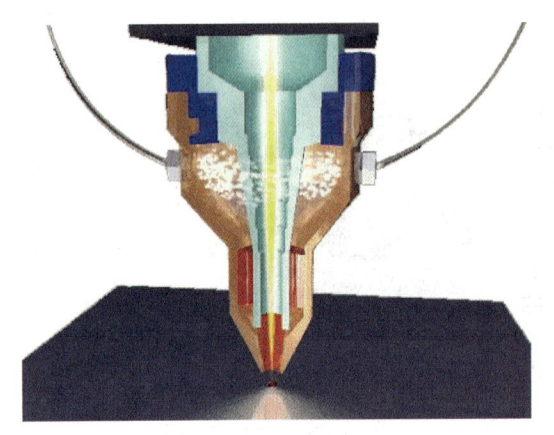

图6-7 激光熔覆头

（a）X、Y、Z三个方向运动系统　（b）第4轴旋转系统

图6-8 激光头运动系统

另外激光出光、送粉器以及水冷箱的控制精度都直接影响着工件熔覆的质量。

(4) 电源系统、防护系统、操作台以及安全保护装置

电源系统是为激光熔覆设备提供电源的装置，它包括变压器、稳压器、电源线和电池等部件。电源系统的稳定性和可靠性对设备的正常运行至关重要。

防护系统的作用是保护操作员和设备免受高能激光的伤害。它包括激光屏蔽器、安全锁和警告标签等部件。防护系统需要定期检查和维护，以确保其有效性。

操作台是操作员用来控制和监视激光熔覆设备运行的平台。它包括各种控制按钮显示屏、操作杆和键盘等部件。操作台需要设计得人性化、易于操作和维护。

安全保护装置的作用是在设备运行过程中出现异常情况时及时停止设备运行，保护操作员和设备的安全。它包括急停按钮、过载保护等部件。安全保护装置需要定期检查和维护，以确保其正常工作和有效性。

2. 送粉器部分

送粉器部分的作用是将金属粉末或合金粉末送入熔覆头，以便在工件表面形成熔覆层。送粉器通常包括粉末容器、送粉器和送粉控制装置等部件（图6-9）。送粉器的性能和精度直接影响到熔覆层的厚度、成分和均匀度。

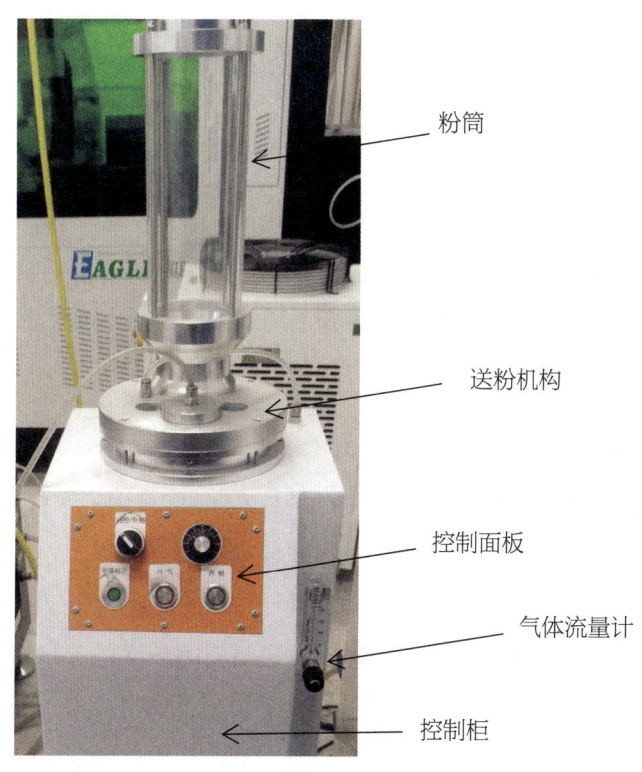

图6-9　送粉器结构

NLS100系列送粉器主要用来做熔覆粉末的输送。该款送粉器是通过一路送粉部分进行送粉，粉末通过送粉机构将粉末一点一点送到风口，再由高压气体将粉末吹送到熔覆头。控制结构方面主要有送气、送粉、送粉量调节和气体流量调节等四个方面，每一个送粉部分均具备以上几个控制结构。经过实践应用多次改进而来，具有粉末输送性能好、高性价比、低故障率、直观及精确等优点，是与激光熔覆配套的理想选择。

3. 冷却系统

冷却系统是用来对激光器进行冷却的装置，以确保激光器的稳定运行。它包括制冷机、散热器、水泵和水管等部件。冷却系统需要定期维护，以确保冷却效果和设备的正常运行。

6.3.2 熔覆设备主体操作流程

1. 开机检查

在开始操作激光熔覆设备之前,首先需要进行开机检查,以确保设备各部分正常工作,并确保设备精度和安全性。

(1)检查电源连接是否正常,电源开关是否处于关闭状态;

(2)检查水冷系统是否运行正常,检查水管路是否有漏水现象;

(3)检查激光器是否正常,检查激光器的反射镜、聚焦镜是否清洁,无灰尘;

(4)检查操作软件是否正常,确保计算机和激光器之间的连接畅通;

(5)记录上一次维护和保养的时间和内容,以便了解设备状况。

2. 开机顺序

按照特定顺序开机,可以避免误操作。

(1)打开总电源开关,确保设备电源接通;

(2)启动水冷系统,检查水路是否有漏水现象;

(3)打开激光器电源,检查激光器是否正常启动;

(4)启动计算机,打开操作软件,准备进行熔覆操作。

3. 操作准备

在开始熔覆操作之前,需要准备好材料和工具,清理工作台和周围区域,避免污染和损伤设备。

(1)准备好涂层材料和工具,如镍基合金粉末、钴基合金粉末、刮刀、刷子、不锈钢丝刷等;

(2)将涂层材料放入供粉装置中,确保粉末填充均匀;

(3)根据工艺要求设置涂层厚度和涂层材料的粒度;

(4)清理工作台和周围区域,确保无杂物和污染物。

4. 开始扫描

根据图纸或程序要求,选择合适的扫描方式从简单到复杂进行扫描操作。

(1)选择合适的扫描程序,根据实际情况调整参数;

(2)将涂层材料送入熔覆区域,确保粉末均匀分布;

(3)开始扫描操作,观察熔覆过程,注意是否有异常情况出现;

(4)根据实际情况调整扫描速度和激光功率等参数,以确保熔覆过程的稳定性和成型的表面质量。

5. 监控质量

在扫描过程中,定期检查工作质量,及时调整参数或更换材料。

(1)通过监控系统观察设备的运行状态,如激光功率、扫描速度等参数是否稳定;

(2)检查熔覆表面的平整度和颜色,确保表面质量符合要求;

（3）在操作过程中注意安全，避免触碰熔覆区域，以免烫伤；

（4）如发现表面质量不佳或成型不良等问题需及时调整参数或更换材料；

（5）对可能出现的问题进行分析和记录，以便后续改进和提高工艺水平。

6. 异常处理

在设备使用过程中可能会出现一些问题或故障，需要了解如何进行异常处理。

（1）当设备出现异常时，应立即停机并断开电源；

（2）检查设备各部分是否存在故障或损坏现象；

（3）根据故障类型采取相应的处理措施，如更换部件、调整参数等；

（4）如无法自行处理故障，应联系专业技术人员进行维修和排查；

（5）记录异常情况和处理措施，以便后续分析和总结经验教训。

7. 结束操作

（1）关闭设备电源并清场：在完成熔覆操作后，操作员应关闭设备电源，并进行清场工作，确保工作区域整洁有序；

（2）定期维护保养设备：为了保持设备良好运转状态，操作员应按照设备维护保养手册的要求，定期对设备进行检查和维护保养工作；

（3）遵守安全规程避免误操作：在操作过程中，操作员应严格遵守安全规程，避免误操作导致安全事故发生。

6.3.3　送粉器操作流程

NLS200系列送粉器应用于激光熔覆工艺的粉末输送设备，该送粉器采用负压吸附送粉原理，送粉单元配置，送粉器可送粉且剩余粉量直观可视，设备送粉精确、稳定、安全可靠。

在使用操作使用时应注意，不得靠近激光聚焦处，以免高温的铁粉颗粒物四处飞溅伤到皮肤。同时，在使用激光设备时，尽可能做好防护工作，因为该类激光可能会对人眼睛及人体皮肤造成伤害，尽管其辐射光是不可见的，但激光束仍会对角膜造成无法恢复的损害。在使用时必须佩戴合适的激光防护眼镜。

1. 控制部分

（1）控制面板

金属粉末堆积，先送气，再送粉，才能使用。

控制面板如图6-10所示，在使用送粉器前，应将送粉速度调节至较低的档位。当其他一切准备就绪时，在电源插头接好之后，电源指示灯亮，可直接操作按键进行工作。需要注意的是首先应先将送气开关打开，之后调节好气体流量控制器（在低速送粉时，气体气压调为6-8MPa为宜），调好合适的气压，再检查气路中出气管口的出气是否正常，若不正常，应检查整个气路是否密封完好，如粉筒上面的密封盖是否密封完好，或者其他气路连接部位有没有出现漏气现象。在气路无漏气问题的情况下，填充好粉末后，方可打开送粉开关，再调节好送粉速度调节器来调节所需要的送粉速度。

在打开电源开关之后，先打开送粉开关，调节好送粉量之后，再打开送气开关，则很容易造成熔覆粉末在出粉处的堆积和熔覆粉末出了粉末槽，造成气路堵塞等状况。或者是在打开送粉开关前，送粉速度调节器处于一个较大的挡位，气流输送速度较慢的情况下，此时可能造成送粉盘送粉速度过快，从而造成内部送粉盘处的气路堵塞，出现粉末堆积等现象。

（2）送粉装置

①粉筒部分；②进气接口；③送粉接口；④观察窗口。

送粉装置结构如图6-11所示，其中送粉部位的观察窗口是为了观察熔覆粉末在送粉盘内部的输送状况是否正常，熔覆粉末自粉筒内依靠自身重力落入送粉块中，送粉电机带动传动轴，从而带动送粉盘转动，通过送粉气体的负压吸附及流化作用将粉末经送粉块送出，从而达到粉末输送的目的。

使用前应将粉筒里面填充足够的熔覆粉末，进气接口则是连接气体流量调节器出来的气管，保证经气体流量调节器出来的气体能到达送粉装置内部。送粉接口连接送粉盘内部的送粉块，此接口可连接到分粉器的进粉口，以实现送粉。

2. 主要参数

电源：电压为220V/50Hz，功率为200W；动力参数：电机功率为90W×2，电机转速为1-28rpm；粉末参数：粉末粒度为20～150μm，粉末量为10～630g/min。

3. 安装

在安装送粉部位时，应注意粉筒口和送粉接口这两个位置要分别对准好相应的进粉块和送粉块，不然粉末跑出送粉盘上的送粉槽，造成接口粉末堆积而无法实现送粉功能。

如图6-12所示，送粉部位内部组装是通过内六角螺丝内部的安装固定的，该部位是通过安装螺丝与底板进行连接，侧面采用丝顶螺丝来顶住承接转盘的部件。至于内部电机的安装，则是通过电机安装板连接安装。平常装粉则通过打开粉筒顶部密封盖即可往里面装粉末。对于控制柜内部的安装，平常若无大问题，尽量不要对里面的零部件进行拆装。

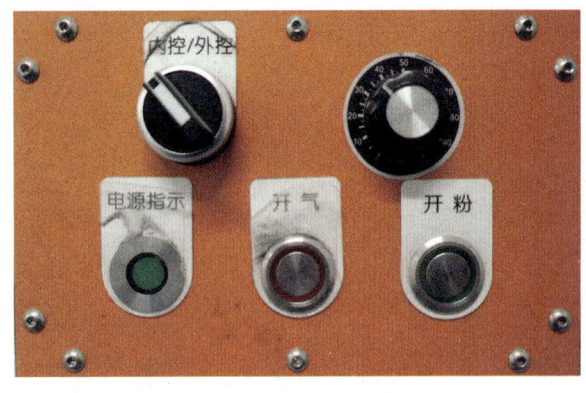
图6-10　送粉器控制面板

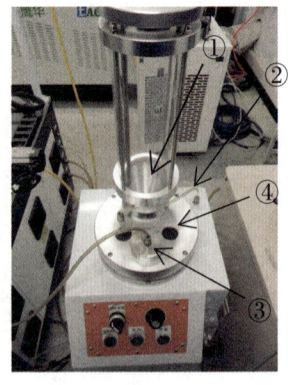
图6-11　送粉装置

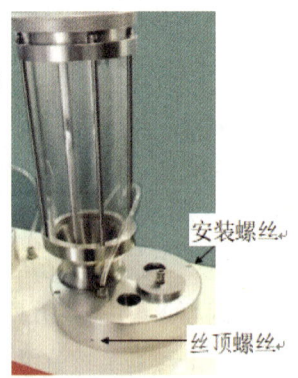
图6-12　粉末填装

6.3.4 激光熔覆设备保养与注意事项

1. 设备维护与保养

激光熔覆设备主要是激光器、工作台面和送粉器的维护保养。

（1）激光器的维护保养主要为：①定期更换冷却水。为了保持冷却水系统正常运行，应定期更换冷却水，并清洗冷却水箱内部，且应定期检查冷却水管道是否漏水或堵塞；②定期清洁激光镜片，熔覆头上方的保护镜片需要定期使用专业清洁剂进行擦拭。

（2）工作台面的维护保养主要为：①定期清理设备工作台面。为了保持设备内部清洁卫生，应定期清理设备内部灰尘和杂质；②应检查内部线路连接是否牢固可靠。

（3）自动送粉机维护保养主要为：①定期清理自动送粉机。定期清理自动送粉机内部，保持清洁，避免堵塞；②更换喷粉装置，当喷粉装置出现磨损或损坏时，及时更换，以保证正常喷粉。

自动送粉器经常出现粉路堵住的现象，主要是会出现粉末在送粉部位内部的送粉盘堆积和气管堵塞两种情况，出现这两种情况后都应及时疏通。

若使用时粉末在送粉部位内部的送粉盘堆积，堵塞送粉接口等问题。则应先关闭送粉开关，再关闭送气开关及激光源等，用内六角扳手把送粉部位的螺丝拆卸下来，再把丝顶螺丝往外松开一些，即可将整个送粉部位快速提起并令粉筒水平，以免粉筒内部剩余的粉末大量漏出，之后再将送粉盘上面的粉末清理干净，漏斗里面的粉末也需要清空，在重新安装好送粉部位等零部件之后，检查气密性是否良好，之后方可重新倒粉末进粉筒里面，重新运行。

若粉末经过分粉器后，其输送出现气管堵塞，但送粉盘没有出现堵塞情况时。应是分粉器分粉接口等出现堵塞，立即依次关闭送粉、送气和激光源等，另外对分粉器进行检查清理，保证里面堵塞的粉末清理干净，对于这类情况，在加大送粉量的同时，也应适当调大气压值。

2. 安全注意事项

（1）确保佩戴安全防护用品：激光束对人眼和皮肤有一定的伤害，在操作过程中操作员应佩戴安全防护用品，如手套等，并且操作员应避免直接观察激光辐射区域，如需观察，应佩戴专业防护眼镜，以防止意外伤害。

（2）避免激光辐射伤害眼睛：激光辐射对眼睛有害。

（3）设备通风：熔覆过程中会产生大量的粉尘和烟雾，必须保证设备通风良好，避免影响操作人员的健康。

（4）操作中遇到问题及时中断操作：在操作过程中，如遇到异常情况或设备故障，操作员应立即停止操作并上报维修人员进行处理。

（5）送粉所使用的气体，必须是干燥气体，不然容易造成粉路堵塞。

（6）两个送粉筒均对应相应的控制按钮，使用过程中须注意按键开关顺序，如打开时，先开气，再开粉；关闭时，先关粉，再关气。

（7）粉末堆积时应及时关闭送粉器，并清理好送粉装置里面的残留粉末。

（8）定期检查送粉器的密闭性情况。

6.3.5 激光熔覆设备软件操作

激光熔覆设备的软件运行环境与激光焊接设备的一样，都是使用 CNC2000 数控系统软件，所以软件界面也是一样，如图 6-13 所示。

1. 激光熔覆软件界面介绍

激光熔覆设备软件操作与激光焊接的类似，主要由工具栏、程序显示区、图形显示区、激光头位置显示和软件控制激光头位置操作界面组成。

（1）工具栏中有文件的打开和保存、参数、回零、程序（示教）、电源、I/O、画图、停靠以及一些控制开关（包括摄像头、激光、光闸、气阀、跟随、红光、排渣等）。

（2）程序显示区是指控制激光头位置的程序代码显示窗口，在窗口内可对程序进行编辑，控制程序属于 G 代码。

（3）图形显示区是指软件界面中黑色区域，该区域是显示加工路径，并且在加工过程中，能够直观显示激光头在图形中运行的路线。

（4）激光头位置显示是指激光头当下位置坐标，同时还显示当下激光功率与占空比以及激光头运动时的速度。

（5）软件控制激光头位置操作界面是指可以通过鼠标点击操作界面上的按钮手动控制激光头运动，以实现激光头的定位，运动模式分连续运动和单步运动。激光熔覆设备相比较激光焊接设备多出两个自由度（Z 轴和 C 轴）。

2. 软件操作流程

（1）激光头运行轨迹图形绘制或导入

激光头的运行是通过 G 代码程序控制的，G 代码的生成可以通过矢量图自动生成，也可以自行编写 G 代码导入软件中。矢量图的绘制可以由软件工具栏中自带的"画图"命令进行绘制，点击"画图"命令后会弹出窗口（图 6-14），另外也可由其他 CAD 软件绘制完毕后保存成 dxf 格式文件导入画图窗口中。

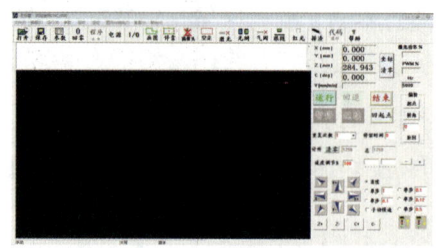
图 6-13　激光熔覆设备软件界面

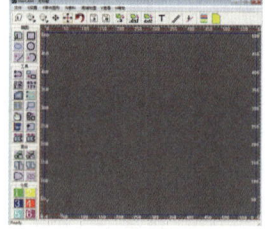
6-14　矢量图绘制窗口

（2）起点和加工工艺设置

图形绘制结束后需要定义起始点位置，然后再设置加工工艺参数，激光头运行速度和熔覆次数。设置结束后再保存成 .n 格式文件，保存后绘图软件会自动推出并进入熔覆控制软件中，并将前面画好的图形程序导入控制软件中。

（3）激光参数设置

影响熔覆质量的重要参数是激光功率和占空比，在加工之前先设置好相关参数（图6-15）。当熔覆加工有特殊要求时需要在特殊加工工艺参数中进行设置（图6-16），如对氩气气压有要求时可以设置压力保护或安全保护装置的设置。

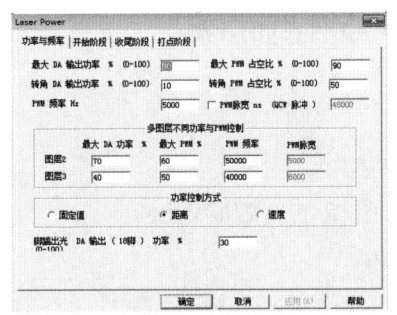
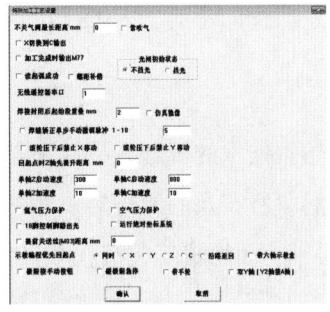

图6-15　激光参数设置　　　图6-16　特殊工艺参数设置

（4）激光头定位及加工运行

通过软件手动控制区的按钮将激光头移动到需要加工的起始点，此时应注意该起始点应该与之前绘制图形时设置的起点位置保持一致，然后点击软件中的运行按钮或按下设备上的运行按钮，等待结束即可。

6.4　激光熔覆技术应用与实践操作

6.4.1　激光熔覆技术的工业应用

1. 矿山机械：煤矿机械工作环境复杂苛刻，粉尘颗粒、有害气体、湿气和煤渣对机械设备造成磨损、腐蚀，缩短了设备的使用寿命，如截齿、刮板运输机的运输槽、液压支架立柱、齿轮、轴类零部件等。采用激光熔覆技术可对零件易失效部位进行强化或修复，提高耐磨损、耐腐蚀性能，延长设备使用寿命。

2. 模具：作为成形物品的工具，其性能要求较高，价格昂贵，尤其是大型复杂精密模具。若模具局部磨损而报废，则加工周期长，造价高，严重影响生产。模具种类繁多，包括压铸模具、砂型铸造模具、塑料模具、锻压模具和冲压模具等，在长期的工作中，会出现表面磨损、热裂纹、热疲劳、腐蚀等问题，从而造成模具失效报废。因此，对模具表面进行处理以提高其使用寿命，以及对失效模具进行修复具有重要的意义。

3. 铁路：磨损和滚动接触疲劳是影响钢轨使用寿命的两个因素。对钢轨关键部位进行强化，以及对钢轨的周期性维修和随时的现场抢修，有利于提高钢轨的使用寿命，减少铁路运营的成本。

4. 其他行业

激光熔覆技术还可应用在航空航天、冶金、工程机械、汽车、船舶、3D增材制造等行业，具有非常广泛的应用前景。如航空发动机钛合金叶片的修复、船用螺旋桨的修复、曲轴的修复、飞机大型复杂结构件的激光增材制造等。激光熔覆技术是经济效益高的新型表面改性技术，不仅可以减少生产成本，缩短制造周期，还可以提高零部件的使用寿命。

6.4.2 激光熔覆实践项目

项目一　45号钢表面熔覆

1、实验目的

（1）了解激光熔覆技术的概念、特性和基本方法；
（2）了解激光熔覆所涉及的激光器、送粉器和喷嘴等重要机械结构；
（3）掌握45号钢表面熔覆工艺流程和操作技巧。

2、实验原理

激光熔覆是一种利用高能激光束将合金粉末或陶瓷粉末与基体表面迅速加热并熔化，形成与基体冶金结合的熔覆层，显著提高材料表面耐磨、耐腐蚀、抗氧化等性能的表面改性技术。

3、实验步骤

（1）准备材料：选择合适的基体材料，并进行预处理，如打磨、清洗等。

将预先准备好的45号钢表面用酒精或丙酮进行清洗，并用电吹风机吹干备用，如图6-17。

图6-17　材料表面处理

（2）选择熔覆材料：根据需要选择合适的合金粉末或陶瓷粉末。在送粉器中加入适量的NiCrSiB合金粉末。

（3）激光熔覆：将熔覆材料均匀撒在基体表面，用高能激光束进行扫描熔化，形成熔覆层。

①设置激光参数，激光头的运动参数设置成300mm/s（图6-18a），激光最大输出功率设置成90%（设备激光功率为1500W），占空比设置成90%，其他都默认设置参数（图6-18b）。

②导入图形，图形使用AUTOCAD软件绘制，绘制时需要考虑光斑直径大小和重叠率大小。光斑直径为2mm，重叠率为50%，所以绘制图形时激光头来回运动轨迹间距为2mm，总的熔覆面积为60mm×40mm，具体图形如图6-19所示。

③材料准备，将45号钢材料放好（图6-20），并调整激光头到材料表面的距离，其距离为15mm。填装好粉末材料，并通过外空模式将粉末送到激光头处，保证开始加工时就有粉末喷出。

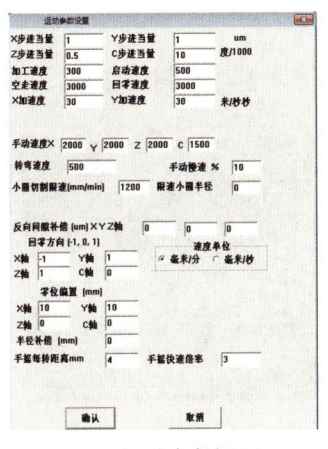
（a）运动参数设置

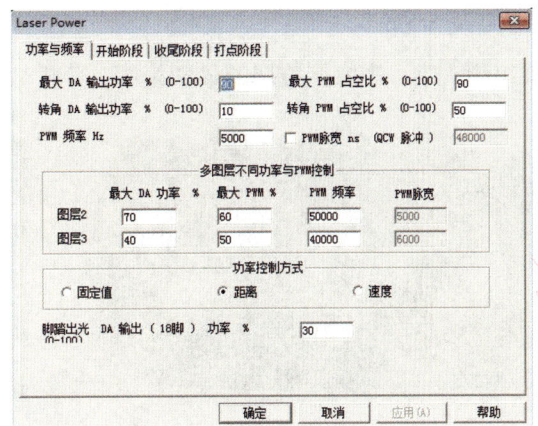
（b）激光功率设置

图 6-18　激光参数设置

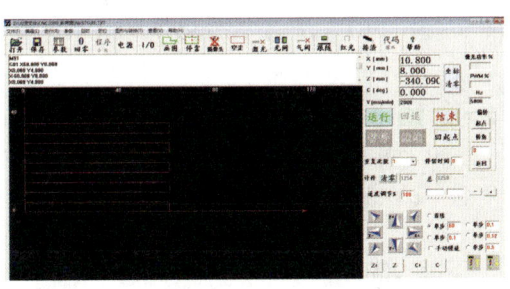

图 6-19　图形导入

图 6-20　材料放置

④开始加工，所有准备工作做好后，点击软件中的运行开始加工，如图 6-21a 所示，熔覆结果如图 6-21b。

（a）激光熔覆加工

（b）熔覆层

图 6-21　熔覆加工

（4）冷却：熔覆层形成后，切勿直接用手接触工件，需对熔覆层进行自然冷却或强制冷却，便可取出做后处理。

（5）打磨：对熔覆层进行打磨，去除表面氧化皮和粗糙部分，如图 6-22 所示。

4、实验结果及分析

(1) 显微组织观察：观察熔覆层的显微组织，分析熔覆工艺对基体材料的影响，如图 6-23 所示。

图 6-22 打磨后的熔覆层

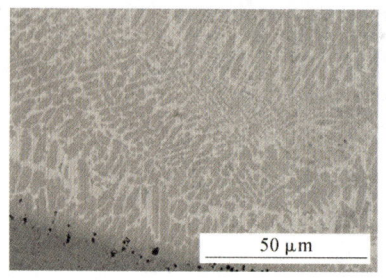
图 6-23 熔覆层和基体之间的 SEM 形貌

(2) 硬度测试：测量熔覆层的硬度，分析熔覆工艺对材料硬度的影响，如图 6-24。

(3) 耐磨性测试：测试熔覆层的耐磨性能，分析熔覆工艺对耐磨性的影响，如图 6-25。

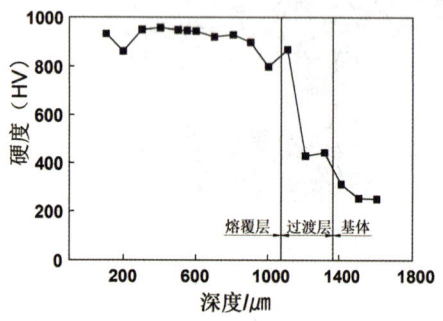
图 6-24 熔覆层硬度和深度的关系曲线

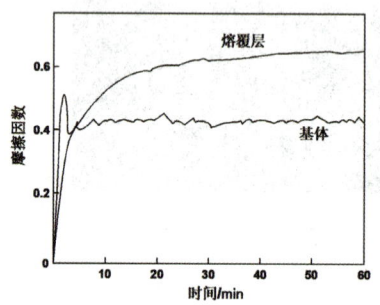
图 6-25 熔覆工艺对耐磨性的影响关系

(4) 对比分析：将熔覆层与基体材料性能的实验结果进行对比分析，探讨熔覆工艺对材料性能的影响。

通过本项目，学生可了解激光熔覆技术的基本原理和特点，掌握了激光熔覆工艺和设备操作技巧。激光熔覆能够显著提高材料表面的性能，如硬度、耐磨性和耐腐蚀性等。因此，激光熔覆技术在机械、能源、化工等领域具有广泛的应用前景。

第七章 脆性材料激光打孔技术与实践

介绍脆性材料激光打孔设备结构、工作原理、设备保养及操作流程、教学实践案例等,使学生了解激光加工技术在难加工材料加工中的应用前景。

任务一:脆性材料激光打孔设备结构和工作原理;

任务二:脆性材料激光打孔设备操作流程和防护措施;

任务三:脆性材料激光打孔教学实践案例。

激光打孔是在玻璃透明材料上加工微米级、高深径比微孔的一种重要方法。目前,泵浦激光器、远红外 CO_2 激光器、超快激光器等多种激光器在微孔加工中都有应用。

7.1 脆性材料激光打孔技术与分类

脆性材料通常指的是硬度高、脆性大的材料,如玻璃、陶瓷、石英等。传统的机械加工方法在对这些材料进行加工时存在着破裂、爆炸等问题,因此需要采用一些非接触式的加工技术,而激光打孔技术就是其中的一种。

7.1.1 脆性材料激光打孔技术

脆性材料激光打孔技术是利用激光束的高能量密度,通过瞬间加热材料表面,使其局部区域熔化,然后通过气体喷射或者等离子体作用,将熔融的材料挤出,从而形成一个圆形的孔洞。由于激光加工是非接触式的,因此可以避免机械加工中对材料的拉伸、挤压等力的作用,从而避免材料的破裂和爆炸。

1. 脆性材料激光打孔技术原理

激光打孔是利用脉冲激光的高功率和良好空间相干性,使材料熔化、汽化而形成孔。激光打孔的过程是一个激光和物质相互作用的热物理过程,激光和工件相互作用,存在着许多不同的能量转换过程,包括反射、吸收、汽化、再辐射和热扩散等,它是由激光波长、脉冲宽度、聚焦状态等光束特性和物质诸多的物理特性决定的。

激光打孔是热物理过程,在这过程中激光与物质间进行极其复杂的相互作用。激光打孔由激光光束的特性和被加工物质的许多热物理特性决定的。当激光的功率密度高于 $10^5 W/cm^2$ 时,就能使材料出现融化或汽化。激光波长为 λ,光束经过扩束镜后的直径为 D,聚焦透镜(F-θ 镜)的焦距为 f 时,得出其焦点处的光斑直径为

$$\omega = \frac{4\lambda f}{\pi D} M^2 \tag{7-1}$$

式中 M^2 为光束质量因子。所选用激光器光束质量较好，即 $M^2 < 1.3$。因此，其激光束聚焦后的光斑直径很小，这样激光器的输出激光在焦点处的功率密度数量级就能达到 $10^5 W/cm^2$ 以上，从而满足了激光打孔的功率密度要求。

激光对材料进行作用产生热量，材料表面吸收热量并向材料内部快速传递，使被激光照射区域急速升温。由于升温时间极短，此时表层的材料开始熔化并有大量开始汽化，这些汽化后的气体相互挤压，开始向外喷射，形成小坑。随着照射时间的增加，被照射区域的汽化程度急速增大，坑内的气压急速增大，对坑的底部和四周产生强烈的冲击，使高压的蒸汽携带着大量的液相物质向外喷射出去，达到打孔的目的，所以激光打孔属于激光去除加工。

激光打孔采用的是激光和被加工材料按照设计的相对运动轮廓移动来实现环状切割打孔的方式，如图 7-1 所示。图 7-1a 中 ω 为光斑直径，2R 为光斑旋转轨迹圆的直径。光束边缘与孔壁作用，因此光束的质量对孔壁形貌有很大影响。光束质量是造成孔壁残渣的一个重要原因，如图 7-1b 所示。

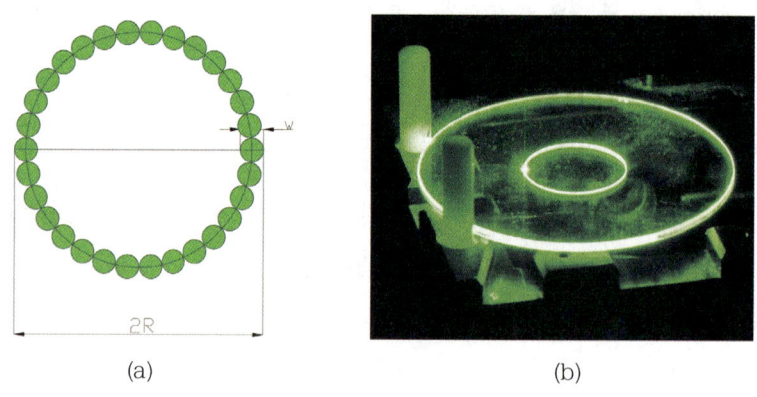

图 7-1 环状打孔切割方式

2. 脆性材料激光打孔技术的优点

激光打孔是最早实用化的激光加工技术。早在 20 世纪 60 年代就用激光在钻石上打孔，随着激光技术的发展，激光打孔能力不断提高，投入陶瓷加工上已有几十年。

（1）高精度、高质量。激光打孔技术可以实现微米级别的精度，从而满足高精度加工的需求。可以保证孔洞的圆形度和表面质量，从而满足高质量加工的需求。激光打孔技术的热影响区非常小，可以减少材料的热应力和变形，保证材料的精度和质量。

（2）速度快，效率高，经济效益好。激光打孔技术具有较高的加工速度和生产效率，能够在短时间内完成大面积的加工。由于激光打孔是利用功率密度高的激光束对材料进行瞬时作用，因此打孔速度非常快。配合高精度的机床和控制系统可实现高效率打孔。在相同的工件上，激光打孔与电火花打孔、机械钻孔相比，效率高 10 ~ 100 倍。

（3）可获得大的深径比。在微孔加工中，深径比是衡量小孔加工难度的一个重要指标。激光打孔相对于其他打孔方法，参数便于优化，所以可获得比电火花、机械打孔大得多的深径比。

（4）可在各类材料上进行加工，不受材料硬度、刚度、强度和脆性等机械性能限制，这对于陶瓷加工来说是十分重要的。

（5）没有工具损耗。激光打孔为无接触加工，避免了机械钻微孔时易断钻头的问题。

（6）适合于数量多、高密度的孔加工。当激光打孔机与自动控制系统和工控机配合，实现光、机、电一体化，使得激光打孔过程可重复性非常强。

（7）能在难加工材料倾斜面上进行小孔加工。而机械打孔和电火花打孔属于接触打孔，想在倾斜面打孔非常困难。

（8）可以对置于真空中或其他条件下的工件进行加工。

脆性材料激光打孔技术目前已广泛应用于电子、光电、医疗等领域，如玻璃管、LED 封装、陶瓷芯片等的加工。同时，针对不同的材料和加工要求，还可以采用不同的激光波长、功率、脉冲宽度等参数进行调节，以实现不同类型的加工。

7.1.2 脆性材料激光打孔技术分类

脆性材料激光打孔技术可以按照不同的分类方式进行分类，一般可分为以下几类：

（1）激光喷气打孔技术：该技术是利用激光加热材料表面，然后通过气体喷射将熔融的材料挤出，形成一个孔洞。该技术可以适用于玻璃、陶瓷等脆性材料的打孔加工。

（2）激光脉冲烧蚀打孔技术：该技术主要是利用激光脉冲的高能量密度，将材料表面瞬间蒸发掉，在穿过材料后形成一个孔洞。这种技术适用于较薄的脆性材料的加工，如薄玻璃、薄陶瓷等。

（3）激光等离子体打孔技术：该技术是利用激光加热材料表面，使其瞬间电离，形成一个等离子体。等离子体在高温和高压的作用下，可以将材料表面的物质挤出，形成一个孔洞。这种技术可以适用于较厚的脆性材料的加工，如厚玻璃、厚陶瓷等。

（4）激光微爆破打孔技术：该技术是利用激光加热材料表面，使其瞬间膨胀和收缩，产生微小的爆破效应，从而形成一个孔洞。该技术适用于较硬、较厚的脆性材料的加工，如石英等。

以上是常见的脆性材料激光打孔技术分类，不同的技术具有各自的特点和适用范围，可以根据具体的加工需求和材料特性进行选择。

1. 远红外 CO_2 激光打孔

远红外 CO_2 激光由于其脉冲宽度较长，在加工玻璃时易产生热应力导致冷却过程中产生微裂纹。利用 CO_2 激光器对 500μm 厚的薄玻璃进行打孔，几乎所有直径小于 100μm 的圆柱形孔都可以在 0.25s 内加工完成，但玻璃基板上 51% 的制孔都存在微裂纹。进一步研究发现，通过在 CO_2 激光加工前后对玻璃基板进行热处理（加工前将玻璃基板预热至 100℃～400℃，制孔后将基板加热到 300℃～557℃）可以有效避免此类热应力造成的裂纹的产生（98.4% 孔无裂纹）。通过调节短脉冲的能量密度和照射次数可以有效控制 SiO_2 玻璃板上的制孔深度并减少微裂纹的产生，且峰脉冲能量为 0.82mJ，脉冲尾部能量为 19.88mJ 的激光脉冲加工效果最好。因此，尽管 CO_2 激光玻璃打孔的可靠性偏低，但由于其打孔速度很快，设备成本低，仍在工业界有着广泛的应用。

2. 超快激光打孔

超快激光由于作用时间极短，加工时的热渗透很小，在玻璃样品上不会留下很大的热影响区域，能够有效地减少加工后微裂纹的产生。使用波长为 248～800nm、脉宽为 130～300fs 的飞秒激光器在石英玻璃上加工出宽度在 25～40μm，最深可达 100μm 的微孔，通过在加工前预热玻璃基板，在玻璃基板上预先制备金属钨薄膜，加工后通过过氧化氢腐蚀去除的办法可以有效地减少裂纹和碎片的产生。利用波长为 1065nm 的皮秒激光器在超薄玻璃上加工出一连串直径为 3μm、间隔为 2～3μm 的通孔。建立了基于飞秒激光抽运-探测原理的时间分辨阴影成像平台，直接获取了飞秒激光烧蚀石英微孔的超快过程图像。在飞秒激光烧蚀制备石英微孔的过程中，当能量密度低于石英玻璃破坏阈值时，石英玻璃表面观测到冲击波随时间延迟增加逐渐膨胀，石英玻璃内部观测到随时间延迟增大逐渐衰退的等离子通道；当能量密度大于破坏阈值时，可观察到随沉积激光脉冲数量而伸长的纵向微孔，且在微孔底部可观察到冲击波传输的轮廓。

7.2 脆性材料激光打孔技术工艺

7.2.1 脆性材料激光打孔技术工艺

脆性材料激光打孔工艺包括材料预处理、激光参数设置、打孔定位、激光打孔、孔洞后处理。

1. 材料预处理：在进行激光打孔前，需要对材料进行光洁度处理和清洗，以保证激光打孔的准确性和稳定性。

2. 激光参数设置：根据材料的特性和需要打孔的尺寸、形状等要求，设置激光的波长、功率、脉冲宽度等参数。

3. 打孔定位：利用光学定位系统或者机械定位系统对需要打孔的位置进行定位，以保证孔洞的位置和精度。

4. 激光打孔：激光束照射到材料表面，将局部区域瞬间加热至熔点以上，然后通过气体喷射或者等离子体作用，将熔融的材料挤出，从而形成一个圆形的孔洞。

5. 孔洞后处理：在完成打孔后，需要对孔洞进行清理和处理，以保证孔洞的质量和表面光洁度。

7.2.2 脆性材料激光打孔过程中影响因素

在进行脆性材料激光打孔时，需要控制好激光的功率和脉冲宽度等参数，以避免过度加热或者过度烧蚀，从而导致材料破裂或者孔洞质量下降的问题。同时，还需要考虑激光加工过程中产生的热影响和应力影响等问题，以保证加工的质量和效率。

1. 激光器功率的影响

激光打孔时，被加工材料的熔化和汽化是形成孔的基本要素，材料的蒸发主要使孔的深度增大，孔壁材料的熔化和孔内蒸汽压携带熔化物质向外的喷射主要使孔的直径 d 增大。改变脉冲能量是控制孔深和孔径变化的主要方法，而随着激光功率的变化，激光脉冲能量也相应地变化。因此，激光器的功率是一个至关重要的参数。

$$d = 2\left[\frac{3E}{\pi(L_B + 2L_M)}\right] \tag{7-2}$$

式中 E 为激光能量（J）；L_B 为材料的汽化比能（J/cm^2）；L_M 为材料的熔化热比能（J/cm^2）。对于同一种材料的 L_B 和 L_M 是固定的，所以孔径 d 与能量 E 的关系为 d ∝ 3E。激光器的脉冲频率固定，激光功率越高时，激光脉冲能量越大，孔径越大。

2. 离焦量的影响

激光的离焦量指的是聚焦系统的焦点相对于被加工材料表面的位移，用 Δf 表示。离焦量的正负如图 7-2 所示，焦点在晶体硅的表面之下时，Δf 为负；焦点在晶体硅的表面时，Δf 为 0；焦点在晶体硅的表面之上时，Δf 为正。当其他条件一定时，激光的离焦量对孔的孔径有很重要的影响。

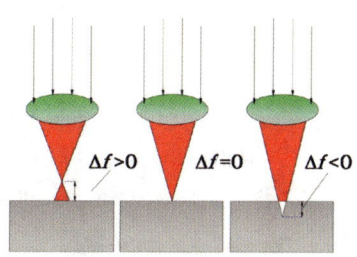

图 7-2 离焦量正负定义

3. 激光脉冲重复频率的影响

选用的激光器的输出功率随重复频率的变化比较大，如图 7-3a，实验得出孔径随重复频率的变化如图 7-3b。

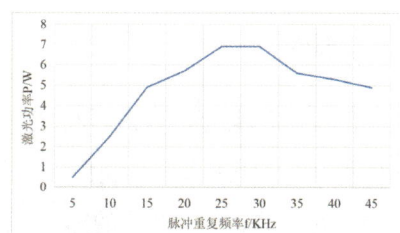 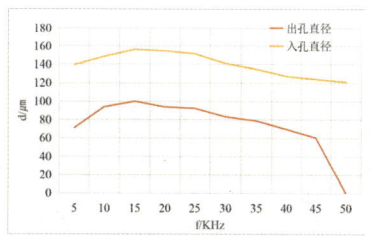

（a）激光器的输出功率随重复频率的变化情况　（b）孔径随重复频率的变化情况

图 7-3 脉冲重复频率对激光功率和打孔孔径的影响

如图7-3a，激光功率随着脉冲重复频率的增加而先增大后减小。由图7-3b可以看出，孔径随着重复频率的增大，先增大后减小。在重复频率小于15kHz时，随着脉冲重复频率的增加，激光功率值的增大幅度比重复频率的增大幅度大，使脉冲峰值功率增加，因而孔的出入孔径在小于15kHz时随着脉冲频率的增大而增大；在重复频率为15～25kHz时，激光功率值的增大幅度比重复频率的增大幅度小，使脉冲峰值功率减小，因而孔的出入孔直径随着重复频率的增大而减小；在重复频率大于30kHz时，激光功率随着重复频率的增大而减小，使脉冲峰值功率减小，因而孔的出入孔径随着重复频率的增大而减小，而且减小的幅度比15～25kHz时大。因此，激光打孔的孔径随着脉冲重复频率的增大先增大后减小。

脉冲重复频率大于45kHz后，虽然激光功率约为5W，但却打不穿硅片。重复频率太高，使孔内同时容纳很多的光束，产生过多的等离子体，这些等离子体在孔内无法及时全部排除，形成屏蔽层，吸收之后进入的激光脉冲的能量，使激光的能量不能充分地用来打孔。因此，激光打孔的深度减小，而当打孔深度小于硅片的厚度后就不能把硅片打穿。

7.3 脆性材料激光打孔设备与操作

7.3.1 激光打孔设备

激光打孔设备由光学系统、冷却系统、视觉定位系统（CCD）、运动控制系统、玻璃运载平台等单元组成。光学系统为核心要件，对打孔成形起决定性作用，系统包含了激光器、反射镜、振镜、场镜等光学部件，如图7-4所示。

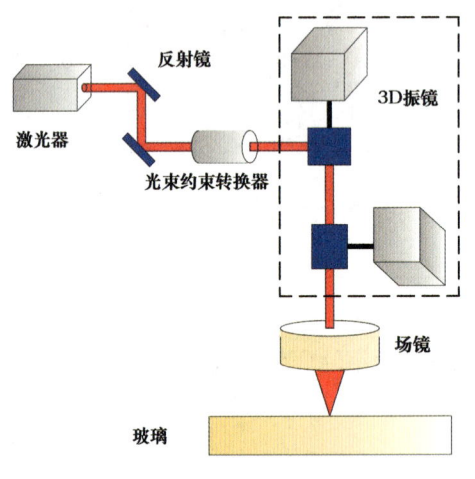

图7-4 光学系统

冷却系统主要功能是为激光器提供冷却服务。通过恒压循环水使得激光器保持恒温，循环水以蒸馏水最佳，其次为经RO膜过滤后的纯水。视觉定位系统（CCD）由光源和相机组成，通过视觉系统，在打孔前对玻璃整体位置进行定位，校正产品由于放置造成的误差，保证产品的加工精度。一般要求精度在0.5mm以内，定位时间小于0.3s。运动控制系统、玻璃运载平台主要包括光学系统轴向运动、玻璃传输及玻璃固定夹紧等装置。为加快打孔速度，一般设置前后进出料平台同时附带高速旋转功能。

1.设备除了主机设备外还包括外部冷水机、抽尘机,设备上电运行前需将冷水机及抽尘机电源接入主机后面进水口标签处,冷水机进水管(红色)接入主机后面进水口标签处,抽尘机进风口通过配套波纹管接入主机中部出尘口,同时设备还需提供洁净气源,通过主机后面过滤阀接入。

2.设备配套有总电源电缆线,接入总电源标签航插,打开上部总电源标签处空开,同时打开主机右侧下部柜门内部电气板,合上所有空开,以为相关设备供电;空开 QF2 控制机柜所有散热风扇,空开 QF3 控制冷水机电源,空开 QF4 控制抽尘机电源。

3.冷水机设备上有启动开关,设备通电后,打开冷水机启动开关,设备开始运行;冷水机需设定水温,一般设为 20℃,设备出厂时已设定好,同时加入蒸馏水,水位以冷水机后面水位计显示为准,当水位降低到红色区域时冷水机会报警,激光器会停止工作;需要注意的是在开启激光器前需提前打开冷水机。

4.抽尘机设备上有启动按钮,设备通电后,按下启动按钮,抽尘机开始运行,调整合适风力大小;抽尘机的作用是在激光打孔时吸收烟雾粉尘。

5.在停止设备工作需要关闭总电源空气开关时,必需确认设备激光器已停止运行,电脑已正常关闭状态。

7.3.2 脆性材料激光打孔设备操作

1. 设备上的操作

(1)图 7-5 是主机设备前部,下部中间门内区域是放置工控机和激光器,右侧是按钮区域,依次包括总电源钥匙开关、急停按钮、激光器按钮、电源按钮、照明切换开关、启动按钮。

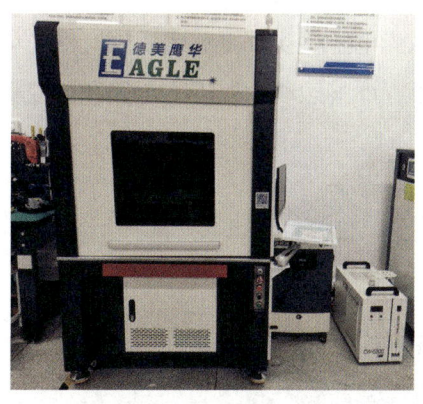

图 7-5 脆性材料激光打孔机

(2)设备总电源空开打开上电后,打开总电源钥匙开关,主机设备开始上电,此时方可操作其他按钮,正常情况下不需按下急停按钮,只允许在紧急情况下按下,按下激光器按钮后激光器开始供电,同时需打开中间柜门,操作激光器控制箱体上的电源按钮打开激光器,激光器电源灯显示绿色正常,如红色为报警;照明切换开关控制柜内照明灯;启动按钮在自动运行时使用,手动工作时不启动。

(3)工控机需打开中间柜门并手动开启,显示屏点亮进入系统,打开操作软件开始工作,软件操作见软件使用说明。

（4）上部区域是加工区域，向上拉起视窗柜门，包含激光头、光路视觉、轴运动平台；视窗柜门处有开关检测，可在软件中起作用与禁用，当启动时必须关闭视窗柜门才能工作。

2. 设备常用的几种工作方式

（1）抓 Mark 点打孔，产品放到设定好的制具上，按启动按钮，设备根据设定好的 Mark 点移动平台到设定 Mark 点坐标下，相机抓取 Mark 点，后移动到相对应的位置进行打孔。

（2）不抓 Mark 点打孔，产品放到设定好的制具上，按启动按钮，激光直接在当前平台坐标打孔。

（3）打孔测试，直接在菜单里的主页中点出光测试，激光测试直接在平台坐标上打孔。

3. 设备操作注意事项

在进行设备操作和维护时需注意以下安全事项，以免造成人体的伤害和设备的损坏。

（1）严禁用手放在激光头下。

（2）设备上电前，需确保设备和电控柜中没有人员。

（3）在对设备或线路检修时，需关闭设备的总电源，并挂上"禁止上电"告示牌。

（4）设备在自动运行时，不可操作软件。

（5）在设备运行时，不要用手触摸设备的运动部件。

（6）当设备发生故障时，应先按下急停按钮，然后再对设备故障排除操作。

（7）设备运行前，抽尘系统应先开启。

（8）未经培训的工作人员严禁使用触摸屏以及修改系统设定。

（9）进行设备清洁和调整时，应先确认电源和气源关闭。

（10）不可把水或其他液体喷溅到设备上。

（11）不可用腐蚀性物质擦拭光电感应器，以免造成感应器失灵。

（12）在没有工作人员允许下，严禁触动电控板的电路和气控板上的电路。

4. 软件使用说明

（1）主页面简介

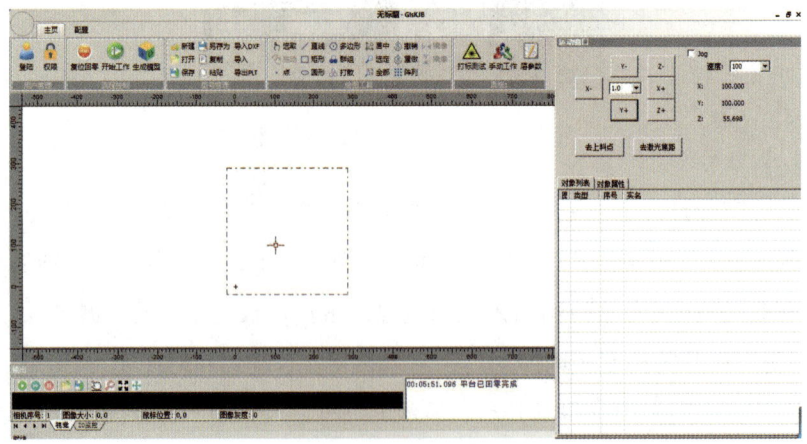

图 7-6　脆性材料激光打孔软件界面

软件界面如图 7-6 所示,上部分别为标题栏和菜单栏;中部为打孔对象的设置;右部为运动控制页面,有运动控制、工作流程、对象列表、对象属性、相机标定;下部为显示页面,有相机显示、运行日志、IO 显示。

a)标题栏

标题栏在本软件窗口的顶部,显示用户正在使用的文件名。标题栏右端的图标分别用来最小化串口并让它出现在任务栏上、最大化本软件窗口到满屏幕大小和关闭窗口。

b)菜单栏

菜单栏位于标题栏紧邻下方,显示主页以及配置,单击菜单名可切换到其他页面。

主页中有用户管理、流程控制、型号管理、绘图工具和面板 1,如图 7-7。

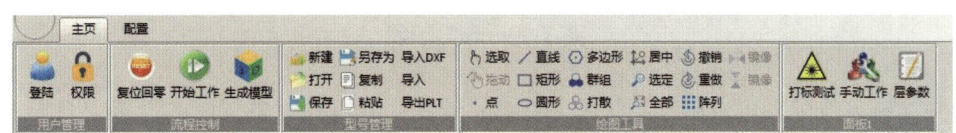

图 7-7 主页中的菜单栏

①用户管理有登陆用户、权限(如果不小心将运动控制页面、显示页面关闭了,可以点击权限显示这两个页面)。

②流程控制有复位回零、开始工作和生成模型。复位回零是指各轴回零运动(开启软件必须先回零);开始工作是点击开始工作,开启自动打孔工作;生成模型是生成打孔模型(开启软件/切换型号,必须生成模型)。

③型号管理中有新增、产品型号、保存、导入 DXF 和删除。新增是指点击创建新产品型号;产品型号是指当前使用的产品型号;保存是指保存当前产品型号(更改参数必须保存,不然修改数据不生效);导入 DXF 是指可以导入 DXF 格式数据;删除是指删除产品型号。

④绘图工具是用于绘制加工图形,其中有点、直线、矩形、圆形、多边形等绘图命令和群组、打散、居中和阵列等图形编辑命令,其使用方式类似于激光切割绘图软件中的命令类似。

⑤面板 1 中有打标测试、手动工作和层参数。

打标测试中有打标 3D 模型(按照生成的模型进行打孔)、打标选中对象(打标选中的对象,只打一层,用于查找激光焦距以及标定时打 Mark 点)和停止打标,如图 7-8 所示。

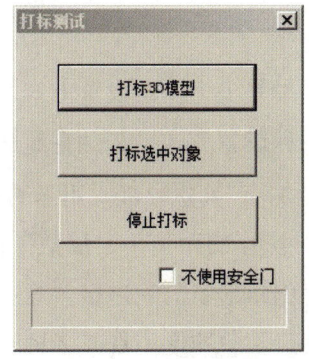

图 7-8 打标测试

配置中有参数配置、图像处理和窗口显示。参数配置中有系统参数（如图7-9a）、运动参数（如图7-9b）和相机参数（如图7-9c）；图像处理中有创建模板和相机标定。

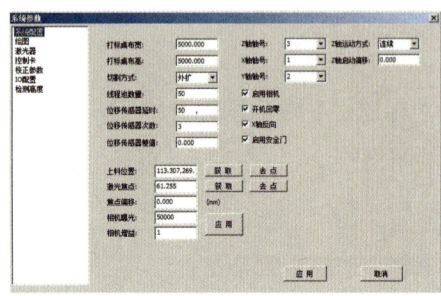
（a）系统参数

（b）运动参数

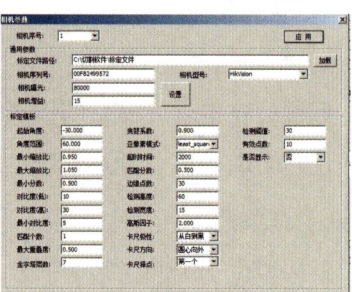
（c）相机参数

图7-9　参数配置

系统参数中有系统配置可以保存系统配置参数；绘图中有打孔对象页面的设置以及导入DXF图形的参数；激光器中有激光器的类型选择；控制卡可以设置激光控制卡的参数；矫正参数可以设置激光矫正参数；IO配置参数；检测高度，如位移传感器设置。

另外运动参数设置轴运动速度和加速度等相关参数；相机参数中有通用参数设置和标定参数设置。

图像处理中有创建模板，如产品抓点模板设置；相机标定可相机标定抓点设置。

c）打孔设置

打孔参数设置位于软件中部，可通过绘图工具，绘画出打孔的形状以及导入DXF格式图形。选中绘画好的图形右击选择"3D模型属性"弹出如图7-10。

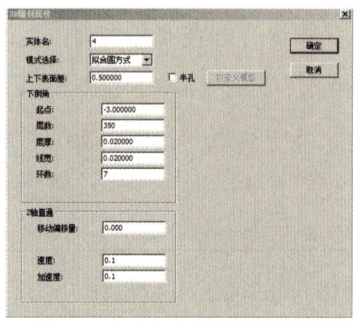

图7-10　3D雕刻属性

①设置打孔模型参数

打孔模型参数设置方式有两种，一种是上下倒角设置方式，这种方式加工后，孔会因激光聚焦的原因产生孔上边大下边小的锥孔；另一种设置方式是Z轴直通加工方式，这种方式是在加工过程中，Z轴会按照设定的速度按照设定方向运动，这样保证加工出来的圆孔是上下一样，如图7-11。

上下倒角参数中有起点（Z轴相对位移的距离）、层数（倒角的层数）、层厚（倒角一层的厚度）、线宽（倒角的线宽）、缩进量（倒角形状的缩进量）等；左右Z轴直通有移动偏移量（直通移动值）、上倒角起点（打上倒角的偏移量）、速度（直通Z轴的移动速度）、加速度（直通Z轴的移动加速度）等。

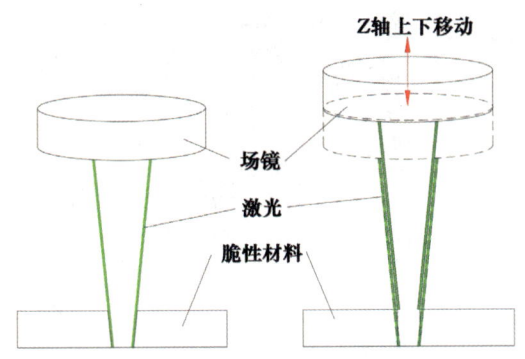 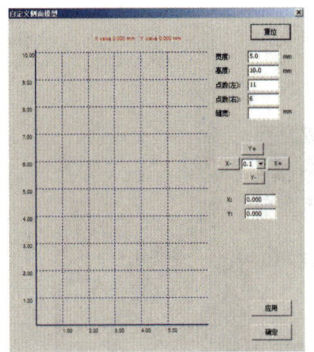

图 7-11　上下倒角和左右 Z 轴直通加工方式　　图 7-12　自定义参数模型设置

自定义模型的参数设置如图 7-12 所示；插入选中列表行左右工位是将此模型参数数据写入产品打孔位置设置。

②打孔模型图层参数设置如图 7-13 所示，图层参数为左右激光头的上下倒角参数设置。

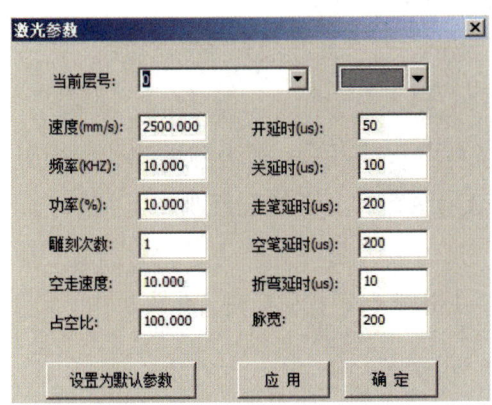 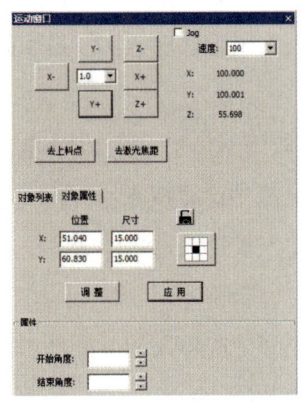

图 7-13　层参数设置　　　　　　　图 7-14　运动窗口

d）运动窗口

运动窗口中有运动控制按钮、对象列表、对象属性及被选中图形的属性显示（图 7-14）。可以通过运动控制按钮控制工作平台移动，实现加工位置定位。对象列表中显示图形窗口中所有图形的图层号、图名以及属性等信息。对象属性显示出被选中图形的位置和形状尺寸信息，并可实现其外形尺寸的更改。

7.3.3　脆性材料激光打孔切割机操作流程

以德美鹰华厂家的 DM-CX300L 型号的脆性材料激光打孔切割机（图 7-15）为例，介绍其具体操作流程。

1. 设备开机流程

首先打开设备总电源，即将设备接入外接电源，松开紧急按钮，打开总电源开关；打开冷水机电源，按下水冷机电源开关，并等待温度恒定在 25℃；打开抽尘机；打开激光器上的开关以及使能开关，并打开外部激光按钮；打开工控机电脑。

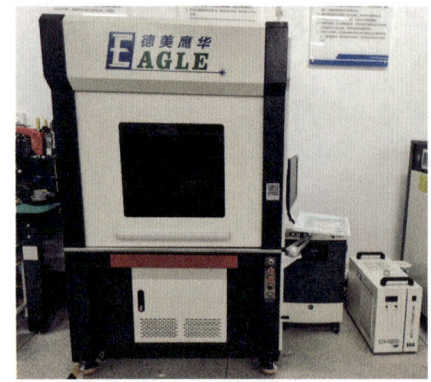

图 7-15 DM-CX300L 型号的脆性材料激光打孔切割机

图 7-16 激光调试软件

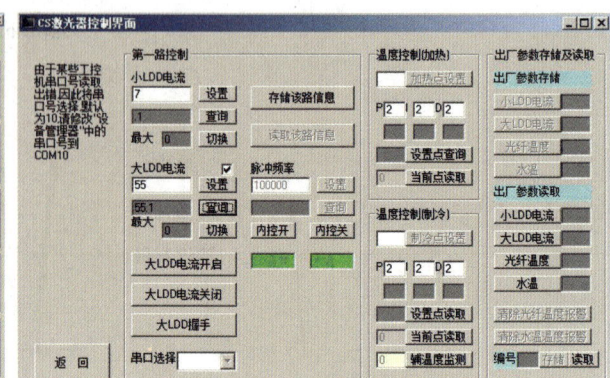

图 7-17 激光器控制界面

2. 软件操作流程

软件包括激光控制软件和设备加工控制软件（GLsKS）。

（1）打开激光调试软件，软件是控制激光器的，选择绿光激光器控制界面，进入激光控制界面，如图 7-16 所示。

依次点击读取该路信息，大 LDD 电流，大 LDD 电流开启，在小 LDD 电流一栏中点击查询至显示 0.1，在大 LDD 电流中设置成 55，并一直点击查询至 55.1，如图 7-17 所示。

（2）设备加工控制软件（GLsKS）

a）打开加工控制软件，双击 GLsKS 软件，并进行回零操作后进入软件界面。

b）绘制加工图纸或导入相关的加工图纸。

c）设置加工参数。选中图形，右键选中 3D 模型属性，如图 7-18，分别设置上下表面差、下倒角中的起点、层数、层厚、线宽、环数、Z 轴直通中的速度和加速度。点击确定后会自动生成加工模型。

d）设置层参数，点击层参数命令，弹出层参数窗口，在窗口中设置速度为 2500，空走速度 10，占空比 100，点击应用，如图 7-19。

e）点击生成模型。

f）进行加工操作，点击打标测试，弹出窗口，如图 7-20，点击打标 3D 模型，即开始加工。

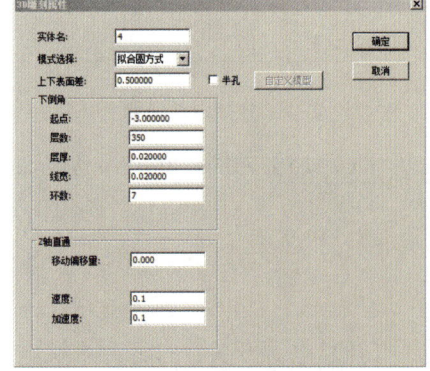

图 7-18 3D 模型属性参数设置

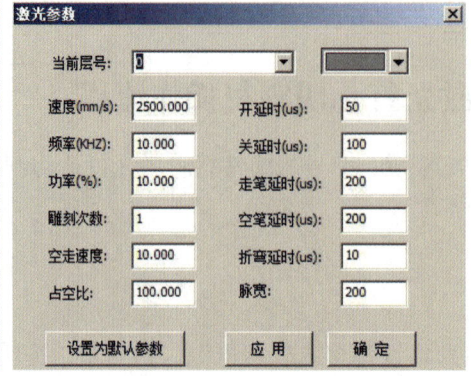

7-19 层参数设置

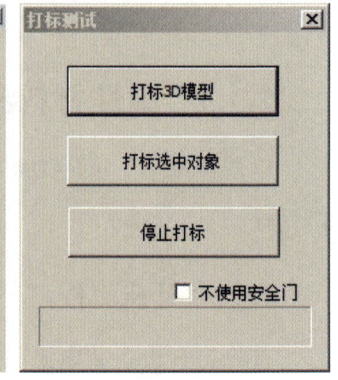

图 7-20 打标测试

3. 设备关机流程

关闭软件，关闭计算机；关闭外部激光按钮，并关闭激光器上的开关以及使能开关；关闭抽尘机和冷水机，注意需要等待关闭激光器后大致 5-10 分钟后才能关闭冷水机；按下紧急按钮开关，最后断掉设备总电源。

7.4 脆性材料激光打孔技术应用与实训操作

7.4.1 脆性材料激光打孔技术应用领域

电子显示和光学器件制造：脆性材料激光打孔技术可以用于制造液晶显示器、LED 面板、光纤通讯器件等电子显示和光学器件中的脆性材料的打孔加工。

火花塞和喷油嘴制造：脆性材料激光打孔技术可以用于制造汽车发动机中的火花塞和喷油嘴等零部件中的脆性材料的打孔加工。

钻石工具制造：脆性材料激光打孔技术可以用于制造钻石工具中的脆性材料的打孔加工，如钻石磨头、钻石片等。

石材雕刻：脆性材料激光打孔技术可以用于石材雕刻中的脆性材料的打孔加工，如大理石、花岗岩等。

陶瓷制品制造：脆性材料激光打孔技术可以用于制造陶瓷制品中的脆性材料的打孔加工，如陶瓷灯具、陶瓷餐具等。

总之，脆性材料激光打孔技术是一种非常重要的加工手段，可以用于制造各种需要脆性材料打孔的产品，具有广泛的应用前景。

7.4.2 脆性材料激光打孔实践项目

项目一 透明玻璃打孔

1. 教学目标

（1）知识目标：掌握脆性材料激光打孔加工原理以及设备工作原理，掌握孔型图纸绘制方法，掌握加工软件和设备操作方法。

（2）能力目标：要求学生熟练使用脆性材料激光打孔设备的能力；掌握脆性材料激光打孔工艺参数设置及调整的能力。

（3）素质目标：提高学生工程素养。

（4）项目目标：学会使用脆性材料激光打孔设备对 3mm 玻璃打孔；掌握脆性材料激光打孔从下往上加工的工艺参数设置；了解脆性材料异形孔打孔方式。

2. 应用场景

脆性材料激光打孔可以对玻璃打孔或裁切，手机钢化膜或镜片等领域的切割使用。

3. 项目分析

1）孔形状尺寸：孔形尺寸要求在 20mm 范围以内，形状为圆形和方形。

2）加工材料选择：选择 3mm 透明玻璃。

3）工艺效果：切割成圆形或方形。

4. 建模过程

（1）切割图形准备，可以通过 AutoCAD、Solidworks 等软件绘制孔形图形，并保存成 dxf 格式文件，如图 7-21。

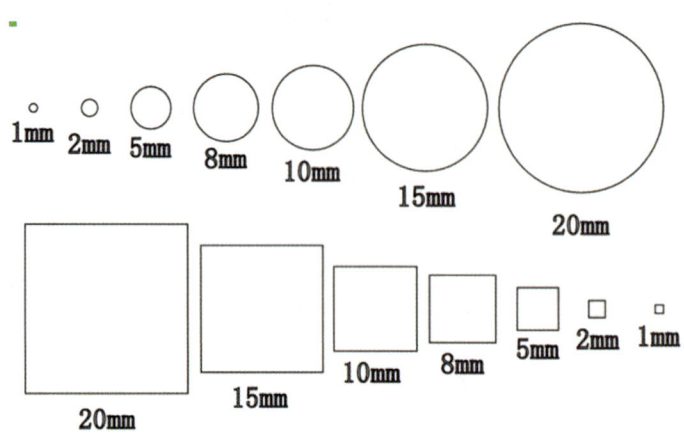

图 7-21　孔形图绘制

（2）打孔软件操作

使用打孔软件操作前，需要先打开激光控制软件，选择绿光激光控制，并设置好大 LDD 电流参数（图 7-17）；双击打开打孔软件，点击回零，等待工作平台回到初始位置；点击文件导入 dxf 文件，如图 7-22 所示；选中文件右键选择 3D 模型属性，进入属性设置，下倒角中起点设置成 -3，层数设置成 350，层厚和线宽设置成 0.02，环数设置成 7，加速度和速度设置成 0.1，如图 7-23 所示，参数设置好后点击确定，软件自动生成加工模型。

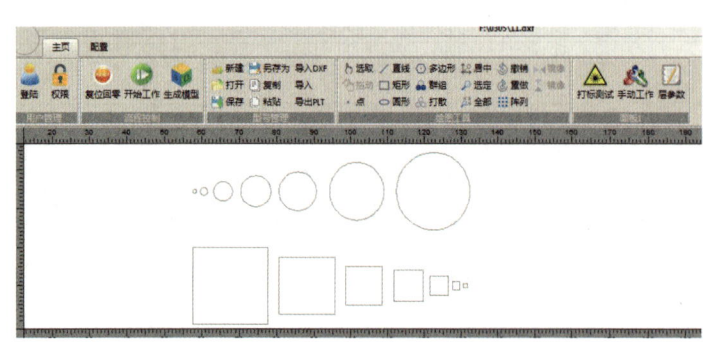

图 7-22　图形导入

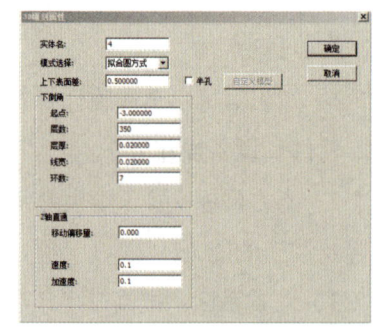

图 7-23　3D 模型参数设置

（3）玻璃摆放

使用无尘布将玻璃表面擦干净，再将玻璃放置在工作平台上，抵住前后垫板（图 7-24），然后通过软件中运动窗口中的 X、Y 方向移动控制按钮进行定位。

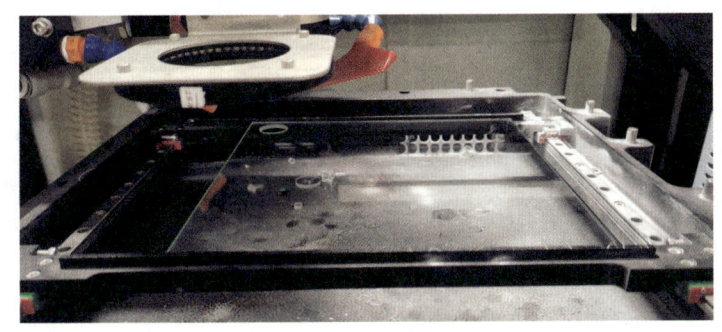
图 7-24　玻璃摆放

图 7-25　加工

（4）加工

加工之前先关上门，然后在加工控制软件中点击打标测试，在弹出的打标测试窗口中点击打标 3D 模型，即开始加工（图 7-25）。等待加工结束即可。

5. 成品展示（图 7-26）

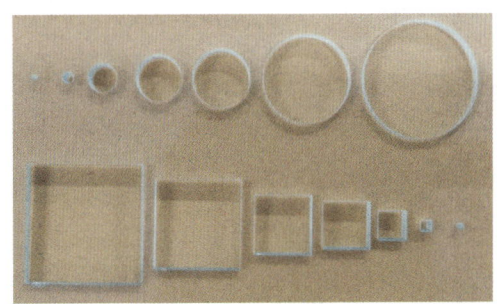

图 7-26　加工成品

6. 作品赏析（图 7-27）

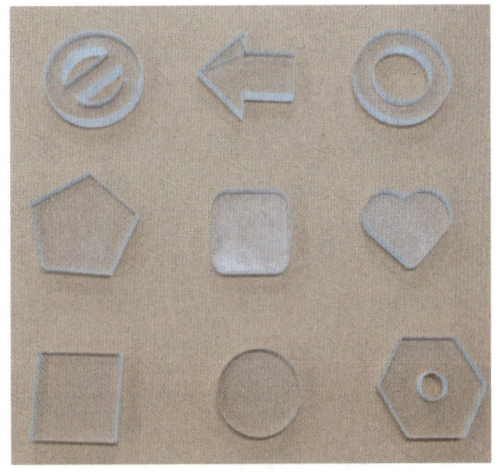

图 7-27　学生作品赏析

第八章 其他激光加工技术

通过介绍激光表面热处理、激光表面合金化和激光快速成型的工作原理及应用，让学生了解更多激光加工技术，拓宽知识面。

任务一：了解激光表面热处理；

任务二：了解激光表面合金化；

任务三：了解激光快速成型。

8.1 激光表面热处理

激光表面热处理是利用激光束高能量产生的热效应对金属材料表面进行热处理的一项新技术。该技术的工作过程是：用激光照射零件表面，可加热至临界相变温度以上，移去激光束后，该表面迅速冷却自行淬火。在提高金属表面的耐磨性、耐腐蚀性、耐疲劳性和冲击性等方面，有显著效果。

激光表面热处理包括激光相变强化和激光熔凝强化。激光相变强化和熔凝强化是以高能量的激光束作用于工件，工件表面快速吸收能量，使表面温度急剧上升，而基体的冷却速度很快，使激光处理具有超快速加热相变和快速熔凝的特征。如果在工件承受压力的情况下，对工件进行激光表面淬火，淬火后撤去外力，则可进一步增大残留的压应力，并大幅度提高工件的抗压和抗疲劳强度。

激光相变强化，是用激光束扫描工件表层区域，使工件表层快速升温到 Ac3 临界点以上，受热层在光斑移开时，由于工件基体的热传导作用使温度瞬间进入马氏体区或贝氏体区，发生马氏体相变或贝氏体相变，完成相变强化过程。激光相变强化形成奥氏体，当停止激光照射，金属表面发生马氏体转变。在此工艺环境下形成的奥氏体，不管是表层，还是里层，奥氏体晶粒都没有孕育长大的机会。弥散的奥氏体晶粒，形成弥散的马氏体相或贝氏体相，使组织具有晶格强化的同时具有弥散强化效果。而且，在激冷条件下形成的马氏体晶格，比常规淬火有更高的缺陷密度。与此同时，残余奥氏体也获得极高的位错密度，使金属材料具有畸变强化效果，强度大大提高。

激光熔凝强化，是利用高能激光束在金属表面连续扫描，使表面薄层快速熔化，并在很高的温度梯度作用下，以 $10^5 \sim 10^7 ℃/s$ 的速度快速冷却、凝固，从而使材料表面产生特殊的微观组织结构。激光熔凝具有以下特点：较之于激光表面淬火，激光熔凝所需激光能量更高，冷速更快；熔凝层组织非常细小，提高了材料的综合力学性能；熔凝层中马氏体转变产生的压应力更大，提高工件的抗疲劳、耐磨损等性能；表面的裂纹和缺陷可以通过熔化过程焊合，表层成分偏析减少，形成高度过饱和固溶体等亚稳定相乃至非晶态；熔凝层下为相变强化层，使强化层的总深度提高。

8.2 激光表面合金化

在金属表面涂覆所需合金化涂层，用激光束将材料表层加热到熔点以上，使合金元素进入材料的表层，形成要得到的合金成分，以改进材料表面的化学成分和性能，使之具有与基体不同的化学成分，形成新的合金结构，达到强化材料表面的目的。其工作原理如图 8-1 所示。

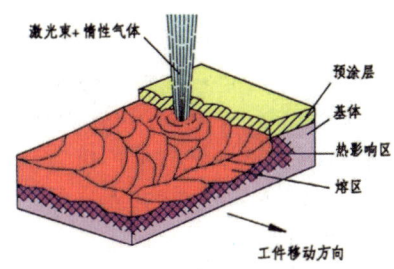

图 8-1　激光表面合金化处理

利用激光表面合金化工艺可以性能低、价格便宜的基体金属表面涂覆耐腐蚀、耐高温的表面合金，用于替代昂贵的整体合金，从而大幅降低成本。激光表面合金化，按照合金元素加入方式的不同，分为三大类：预置式激光合金化、送粉式激光合金化和气体激光合金化。

由于表面合金层和基体材质的性能差异较大，激光表面合金化工艺过程中，应遵循以下原则：

1. 应考虑合金化元素或化合物与基体金属熔体间的相互作用性，如可溶解性、形成化合物的可能性、浸润性、热膨胀系数及比体积等。

2. 考虑激光合金化后合金层的硬度、耐磨性、耐腐蚀性及高温抗氧化能力等性能。

8.3 激光快速成型

激光快速成型技术，也称为激光 3D 打印技术，是基于离散/堆积原理，集成计算机、数控、精密伺服驱动、激光和材料等发展起来的先进制造技术。基于激光的快速成型技术，包括以下三种类型。

1. 选择性激光烧结 Selective Laser Sintering, SLS 技术。将一层粉末材料平铺在已成型零件的表面，并加热至恰好低于该粉末烧结点的某一温度，控制系统控制激光束按照该层的截面轮廓在粉层上扫描，使粉末的温度升到熔化点，进行烧结并与下面已成型的部分实现粘结。一层完成后，工作台下降一层厚度，铺料辊在上面铺上一层均匀密实的粉末，进行新一层截面的烧结，直至完成整个模型。

2. 光固化成型技术，又称立体光刻造型技术（Stereo Lithography Appearance, SLA）。主要采用液态光敏树脂原料，通过 3D 设计软件设计出三维数字模型，利用离散程序将模型进行切片处理，设计扫描路径，按设计的扫描路径照射到液态光敏树脂表面，分层扫描固化叠加成三维工件原型。

3. 叠层实体制造（Laminated Object Manufactuing, LOM）。LOM 工艺采用薄片材料为原料，用激光切割系统按照计算机提取的横截面轮廓线数据，将背面涂有热熔胶的纸用激光切割出工件的内外轮廓。切割完一层后，送料机构将新的一层纸叠加上去，利用热粘压装置将已切割层粘合在一起，然后再进行切割，重复地切割、粘合，最终成为三维工件。

参考文献

[1] 刘金合.CO_2激光切割技术将在应用领域发挥越来越重要的作用[J].机械工人(热加工),2007(06):27.

[2] 张樱瀚,史珊珊,王书君,等.激光捕获显微切割技术在中药研究中的应用[J].中药材,2023,46(01):252-257.

[3] 赵合玲,万燕,荣国亚,等.激光切割工艺及设备[J].设备管理与维修,2023(02):106-107.

[4] 郭华锋,李菊丽,孙涛.激光切割技术的研究进展[J].徐州工程学院学报(自然科学版),2015,30(04):71-78.

[5] 姜楠.激光切割技术[J].科技传播,2014,6(10):189-190.

[6] 苑欣华.激光切割的机理与机械工艺技术[J].科技与企业,2012(11):317.

[7] 陆桂君.激光切割的机理与机械工艺技术[J].科技创新与应用,2017(03):122.

[8] 张韶辉.激光切割工艺技术研究[D].西安:西安理工大学,2006.

[9] 王艳清.激光切割技术的深入研究与应用[J].四川建材,2012,38(03):252-254.

[10] 陈胜,黄辉宇,董雄炜,等.激光切割技术的研究现状[J].有色金属加工,2022,51(05):1-6.

[11] 房阁.激光切割技术的应用[C].天津市电子工业协会.天津市电子工业协会2021年年会论文集,2021:4.

[12] 王新明,马晓欣,康凯.激光切割技术研究[J].南方农机,2020,51(12):178.

[13] 张珊昊.激光切割技术在机械制造中的应用及发展[J].决策探索(中),2018(02):53-54.

[14] 黄建锋.激光切割技术在生产中的应用[J].纺织机械,2012(03):40-41.

[15] 毕华丽.激光切割技术中工艺技术的试验研究[D].大连:大连理工大学,2006.

[16] 蒋建新.激光自动化切割设备的技术特点及应用前景(上)[J].金属加工(热加工),2012(18):8-10.

[17] 蒋建新.激光自动化切割设备的技术特点及应用前景(下)[J].金属加工(热加工),2012(20):14-16.

[18] 畅雪苹,王丹丹,王谦.浅析激光切割技术的应用[J].汽车实用技术,2020,45(17):127-129.

[19] 王天勇.浅议我国数控激光切割技术的发展趋势[J].中国设备工程,2017(04):182-183.

[20] 胡斌.YAG、CO_2激光打标机应用概况[C]//中国电子学会机械加工专业委员会.中国电子学会生产技术学分会机械加工专业委员会第七届学术年会论文集.1998:6.

[21] 田会峰.变色激光打标控制系统的设计与实现[J].自动化与仪表,2009,24(11):57-60.

[22] 周丽,刘双喜,隽斑.二极管泵浦YAG激光器在激光打标上的应用[J].科技传播,2012(09):199.

[23] 张燕.关于高职院校激光打标实训教学的探索与实践[J].价值工程,2014,33(17):254-255.

[24] 张玉华,陆茵.关于激光打标的原理及发展的研究[J].自动化与仪器仪表,2014(05):33-34.

[25] 卢杰.光纤激光打标机的组成原理及其应用[J].激光杂志,2013,34(02):41-42.

[26] 董婉佳.光纤激光打标技术与实验研究[D].哈尔滨:哈尔滨工程大学,2018.

[27] 王璐.光纤激光器打标的实验研究[D].长春:长春理工大学,2009.

[28] 寻鹏.国外激光打标的现状与发展[J].激光与红外,1991(06):6-9.

[29] 赵巍,撒昱.激光标刻系统研究综述[J].天津工程师范学院学报,2006(01):22-24.

[30] 龙学文,张顺如,谌雄文,等.激光打标初探[J].科技视界,2018(28):75-76+27.

[31] 徐白.激光打标的物理机制研究[D].长春:长春理工大学,2006.

[32] 苏红新.激光打标的应用趋势[J].光电子技术与信息,1998(03):32-35.

[33] 丁新玲.激光打标工艺技术[J].航天工艺,1999(06):22-26.

[34] 袁芳.激光打标关键技术的研究及实现[D].武汉:武汉理工大学,2014.

[35] 唐海缤.激光打标机的标刻质量及评判标准的研究[D].成都:电子科技大学,2013.

[36] 康卫.激光打标机的原理及维修[J].半导体技术,2010,35(07):640-643.

[37] 杨杰.激光打标机控制系统的研究[D].武汉:武汉纺织大学,2014.

[38] 戚祖敏.激光打标技术及其在包装工业中的应用[C]//江西省光学学会.第十七届十三省（市）光学学术年会暨"五省一市光学联合年会"论文集,2008:3.

[39] 宋庆国.激光打标控制系统的设计与实现[D].武汉:华中科技大学,2012.

[40] 苗静.激光打标设备[J].西安工业大学学报,2013,33(07):588.

[41] 王建平,李正佳,范晓红.激光打标系统及工艺参数的分析[J].光学与光电技术,2005(03):32-35.

[42] 周永飞,赵海峰,黄子强.激光打标系统及工艺研究[J].电子设计工程,2011,19(02):126-129.

[43] 激光打标系统在工业中的应用[J].世界制造技术与装备市场,1999(S1):78.

[44] 郑文生.激光打标应用越来越广[J].世界电子元器件,1996(09):50-51.

[45] 赵轶,朱虹,周琴.激光加工综合实训的探索与实践[J].价值工程,2017,36(05):208-211.

[46] 赵宏亮.金属激光彩色打标技术研究[D].北京:北京工业大学,2008.

[47] 杜群.开展激光打标工程训练的探索与实践[J].广东工业大学学报(社会科学版),2009,9(S1):223-224+227.

[48] 郁亚峰.新型激光打标系统设计与研究[J].河南科技,2015(15):33-35.

[49] 李尧,张家骅,马玉莹.竹木材料激光打标工艺分析及应用[J].林业机械与木工设备,2015,43(04):34-36.

[50] 周博.紫外激光打标机特性研究[J].农业科技与装备,2014(11):77-78.

[51] 朱守深,张书练,刘维新,等.HeNe双频激光器频差的激光内雕赋值法[J].物理学报,2014,63(06):163-167.

[52] 滕宇,周佳佳,林耿,等.玻璃激光内雕技术的最新进展[J].硅酸盐学报,2011,39(04):657-661.

[53] 江卫华.超高速激光内雕机轨迹控制设计[J].电气传动,2004(05):25-27.

[54] 穿透的魅力:激光内雕[N].电脑报,2004-11-22(C01).

[55] 龚林微,涂颜帅,李勇.高速三维测量系统及其在水晶内雕中的应用[J].激光杂志,2012,33(01):55-56.

[56] 朱玉广,王正义,梅璐,等.工程训练课程思政元素教学设计—以激光内雕技术为例[J].机械管理开发,2022,37(12):319-320.

[57] 毛麾,梁存舜,叶伟鹏,等.基于激光内雕技术的校园3D地图设计与制作[J].轻工科技,2020,36(05):48-49.

[58] 付星斗,王平江,唐小琦,等.基于焦点能量均衡的激光内雕刻路径优化[J].中国机械工程,2008(05):598-602.

[59] 张春蕊,张志刚,许家宝,等.基于项目驱动的激光内雕加工工程训练教学组织[J].教育教学论坛,2020(19):268-269.

[60] 冯巧波,尹铁路,沈坤全,等.激光加工在工程实训中的应用[J].实验室研究与探索,2015,34(04):206-208.

[61] 李建平.激光空心光束的研究及在激光内雕中的应用[D].杭州:浙江大学,2005.

[62] 揭彦秋.激光内雕工业的发展状况[J].光机电信息,2007(04):30-32.

[63] 王海风,鲁建伟,姜春礼,等.激光内雕工艺对玻璃强度和钢化性能的影响[J].玻璃搪瓷与眼镜,2021,49(10):6-10.

[64] 梁荆文,莫志杰,朱瑞,等.激光内雕机的快速定位及防漏水自动预警装置[J].企业科技与发展,2015(06):29-30.

[65] 苏维均,刘赟喆,王群.激光内雕机的使用及相关问题的解决方案[J].北京工商大学学报(自然科学版),2008(03):25-28.

[66] 马秀琛,孟凡召.激光内雕机的应用、技术及发展趋势[J].黑龙江科学,2021,12(22):162-164.

[67] 江卫华.激光内雕机中三维控制系统的设计[J].电气传动自动化,2002(03):16-17.

[68] 马雪亭,周岭,赵劲飞,等.激光内雕技术在工程实训中的应用[J].价值工程,2018,37(23):298-299.

[69] 胡彦萍.激光内雕技术在工艺品上的应用[J].机械工程与自动化,2020(03):129-130.

[70] 罗天娇,梁明.激光内雕技术中的相关工艺研究[J].大学物理实验,2021,34(05):44-47.

[71] 杨林丰,曹雪璐,罗婕,等.激光内雕加工工程训练项目的建设[J].机械制造与自动化,2016,45(05):69-71.

[72] 刘海艳.激光内雕三维模型表面点云生成方法研究[J].科技信息,2012(15):103-104.

[73] 安腾燕.激光内雕中图像的处理方法与应用[J].现代制造技术与装备,2020,56(08):220-221.

[74] 徐磊.激光水晶内雕和3D打印在计算机辅助制造教学中的应用[J].产业与科技论坛,2018,17(05):180-181.

[75] 王平江,付星斗,吴家勇,等.面向真实感激光内雕刻的立体照相系统[J].仪器仪表学报,2009,30(06):1145-1151.

[76] 杨林丰,赖涌丹,罗伟健,等.逆向工程在激光内雕中的应用研究[J].机械制造与自动化,2017,46(04):120-121.

[77] 陈结龙.三维激光扫描与激光内雕的结合使用[J].内燃机与配件,2017(06):143.

[78] 江卫华,文小玲.五轴激光内雕控制系统的设计[J].电气自动化,2008,30(05):14-15.

[79] 何忠蛟.用于激光内雕中的特殊构型谐振腔研究[J].激光杂志,2006(04):19-20.

[80] 曹凤国.激光加工[M].北京:化学工业出版社,2015.

[81] 明兴祖,周贤,刘克非.激光精微制造应用技术[M].北京:科学出版社,2022.

[82] 肖海兵.先进激光加工技能实训[M].武汉:华中科技大学出版社,2019.

[83] 原一高.机械制造技术基础训练[M].上海:东华大学出版社,2018.

图书在版编目（CIP）数据

激光加工技术与实践 / 张建国，赵旺初主编.
上海：东华大学出版社，2025.6. -- ISBN 978-7-5669-2553-4

Ⅰ. TG665

中国国家版本馆CIP数据核字第2025M1Z857号

责任编辑：高路路
版式设计：上海程远文化传播有限公司

激光加工技术与实践

JIGUANG JIAGONG JISHU YU SHIJIAN

主　　编：张建国　赵旺初
副 主 编：李　策　江　彬　闫红霞　田　娇　马　磊
出　　版：东华大学出版社（地址：上海市延安西路1882号　邮编：200051）
本 社 网 址：http://www.dhupress.net
天猫旗舰店：http://dhdx.tmall.com
营 销 中 心：021-62193056　62373056　62379558
印　　刷：上海盛通时代印刷有限公司
开　　本：889mm×1194mm　1/16
印　　张：11
字　　数：268千字
版　　次：2025年6月第1版
印　　次：2025年6月第1次印刷
书　　号：ISBN 978-7-5669-2553-4
定　　价：79.00元